EUL VERLAG

MARKETING

Herausgegeben von Prof. Dr. Heribert Gierl, Augsburg, Prof. Dr. Roland Helm, Regensburg, Prof. Dr. Frank Huber, Mainz, und Prof. Dr. Henrik Sattler, Hamburg

Band 54
Frank Huber, Svenja Krönung, Frederik Meyer und Stefan Vollmann
Akzeptanz von Bewertungsportalen als Basis von Electronic Word-of-Mouth – Eine empirische Studie zur interpersonellen Kommunikation im Web 2.0
Lohmar – Köln 2011 • 124 S. • € 42,- (D) • ISBN 978-3-8441-0097-6

Band 55
Frank Huber, Frederik Meyer und Ute Stickdorn
Online-Avatare zur Steigerung der Markenloyalität – Eine empirische Analyse am Beispiel der Marke IKEA
Lohmar – Köln 2011 • 128 S. • € 42,- (D) • ISBN 978-3-8441-0114-0

Band 56
Frank Huber, Frederik Meyer und Oguzhan Bulut
Unternehmenserfolg durch strategische Corporate Social Responsibility – Eine empirische Analyse am Beispiel der Marke IKEA
Lohmar – Köln 2012 • 140 S. • € 43,- (D) • ISBN 978-3-8441-0122-5

Band 57
Guido Grunwald und Philipp Hennig
REACH und CSR – Mehr Reputation durch Nachhaltigkeit in kleinen und mittleren Unternehmen
Lohmar – Köln 2012 • 120 S. • € 42,- (D) • ISBN 978-3-8441-0129-4

Band 58
Frank Huber, Frederik Meyer und Oliver Gluth
Mitgliederbindung an Social Network Sites – Eine empirische Analyse zur Aufdeckung von Nutzermotiven
Lohmar – Köln 2012 • 220 S. • € 55,- (D) • ISBN 978-3-8441-0130-0

Band 59
Frank Huber, Julia Hamprecht und Marc Heise
In-Game Advertising erfolgreich platzieren – Eine empirische Analyse in der Konsumgüterbranche
Lohmar – Köln 2012 • 148 S. • € 43,- (D) • ISBN 978-3-8441-0133-1

JOSEF EUL VERLAG

Reihe: Marketing · Band 59

Herausgegeben von Prof. Dr. Heribert Gierl, Augsburg, Prof. Dr. Roland Helm, Regensburg, Prof. Dr. Frank Huber, Mainz, und Prof. Dr. Henrik Sattler, Hamburg

Prof. Dr. Frank Huber
Julia Hamprecht
Marc Heise

In-Game Advertising erfolgreich platzieren

Eine empirische Analyse in der Konsumgüterbranche

EUL VERLAG

Bibliografische Information der Deutschen Nationalbibliothek

Die Deutsche Nationalbibliothek verzeichnet diese Publikation in der Deutschen Nationalbibliografie; detaillierte bibliografische Daten sind im Internet über <http://dnb.d-nb.de> abrufbar.

ISBN 978-3-8441-0133-1
1. Auflage Februar 2012

JOSEF EUL VERLAG GmbH
Brandsberg 6
53797 Lohmar
Tel.: 0 22 05 / 90 10 6-6
Fax: 0 22 05 / 90 10 6-88
E-Mail: info@eul-verlag.de
http://www.eul-verlag.de

Bei der Herstellung unserer Bücher möchten wir die Umwelt schonen. Dieses Buch ist daher auf säurefreiem, 100% chlorfrei gebleichtem, alterungsbeständigem Papier nach DIN 6738 gedruckt.

VORWORT

Im Jahr 2010 erzielte die deutsche Videospielindustrie einen Jahresumsatz von 2,3 Milliarden Euro. Traditionelle Unterhaltungsmedien wie das Kino wurden vom Umsatz somit deutlich übertroffen. Das Spielen von PC- und Videogames nimmt entsprechend einen immer größeren Platz im Freizeitverhalten der Konsumenten ein und verdrängt zunehmend das TV von seiner Spitzenreiterposition als beliebtestes Unterhaltungsmedium. Zur werblichen Ansprache der Spieler hat sich das In-Game Advertising bzw. Advergaming als probates Mittel erwiesen. Allerdings herrscht bisher wenig Klarheit über die Anforderungen, welche seitens der Spieler an eine In-Game Werbemaßnahme gestellt werden. Auch wenn Spieler häufig angeben, der In-Game Werbepraxis grundsätzlich positiv gegenüber zu stehen, zeigen sie doch deutliche Abneigung gegenüber inkongruenten, also schlecht implementierten, Werbemaßnahmen. Damit wird impliziert, dass die Werbemaßnahme übergangslos mit dem im Spiel dargestellten Inhalt verschmelzen muss. Sie soll zu einem authentischen Bestandteil werden, welcher das Spielerlebnis nicht stört.

Die vorliegende Studie beschäftigt sich daher mit der Frage, welchen Einfluss verschiedene Dimensionen des Fits zwischen Spiel und Werbemaßnahme auf die Wahrnehmung der Werbemaßnahme durch die Spieler ausübt. Ferner richtet sich das Augenmerk auf das Ausmaß, mit dem sich ein Spieler in einer, durch ein Medium vermittelte, virtuelle Umwelt eher präsent fühlt als in der unmittelbaren physischen Umwelt. Geklärt werden soll demnach, ob die sog. Telepräsenz die Wahrnehmung der Werbemaßnahme und somit letztendlich die Einstellung zur Marke determiniert. Zur Überprüfung der vermuteten Kausalzusammenhänge dient eine empirische Studie. Die gewonnenen Daten erfuhren mit Hilfe des Partial Least Square-Ansatzes eine dezidierte Auswertung. Die Ergebnisse deuten darauf hin, dass die Einstellung zur Werbemaßnahme nur bedingt von den positiven Gefühlen der Telepräsenzerfahrung eines Spiels profitieren kann, jedoch deutlich von der Irritation und der generellen Einstellung zu In-Game Advertising beeinflusst wird. Vor allem ein niedriger Werbeerwartungsfit zeichnete sich für Irritationen verantwortlich. Die Übereinstimmung in funktioneller Hinsicht trägt zur Telepräsenzwahrnehmung bei, während der Image Fit sowohl zur Wahrnehmung von Telepräsenz bei einem niedrigen Fit aber auch zur Irritation beiträgt.

Mainz, den 18. Januar 2012

Frank Huber
Julia Hamprecht
Marc Heise

Inhaltsverzeichnis

Abbildungsverzeichnis

Tabellenverzeichnis

Abkürzungsverzeichnis

A_{Ad}	Einstellung zur Werbemaßnahme
A_B	Einstellung zur Marke
Aufl.	Auflage
bzgl.	bezüglich
bzw.	beziehungsweise
ca.	circa
DEV	durchschnittlich erfasste Varianz
d.h.	das heißt
DSL	Digital Subscriber Line
dt.	deutsch
EA	Electronic Arts
engl.	englisch
etc.	et cetera
et al.	et alii (und andere)
f.	folgende
ff.	fortfolgende
FIFA	Fédération Internationale de Football Association
ggf.	gegebenenfalls
Hrsg.	Herausgeber
i.d.R.	in der Regel
i.e.S.	im engeren Sinne
IGA	In-Game Advertising
IMC	Integrated Marketing Communication (Campaign)
Jg.	Jahrgang
LISREL	Linear Structural Relationship
MMORPG	Massively Multiplayer Online Role-Playing Game
Nr., No.	Nummer
o.Ä.	oder Ähnliches
o.J.	ohne Jahr
o.V.	ohne Verfasser
PC	Personal Computer

PES	Pro Evolution Soccer
PKM	Persuasion Knowledge Modell
PLS	Partial Least Squares
S.	Seite
SPSS	Statistical Product and Service Solutions
S-O-R	Stimulus – Organism – Response
TPB	Theory of Planned Behaviour
TRA	Theory of Reasoned Action
u.a.	unter anderem
usw.	und so weiter
vgl.	vergleiche
VIF	Variance Inflation Factor
z.B.	zum Beispiel

1 Zur Relevanz von In-Game Advertising für die Werbebranche

Der deutsche Gaming-Markt boomt. Rund 21 Millionen Deutsche im Alter ab 14 Jahren spielen regelmäßig auf verschiedenen Plattformen, wie z.B. dem PC, Smartphone oder auf einer Spielkonsole, wie der Sony Playstation 3, der Xbox 360 oder der Nintendo Wii. 2010 liegt der Umsatz der Branche bei ca. 2,3 Milliarden Euro, wobei sich die Umsätze seit dem Jahr 2006, mit damals noch ca. 1 Milliarde Euro, mehr als verdoppelt haben. Bereits 2006 wurde das Kino als traditionelles Unterhaltungsmedium in Bezug auf die Umsatzzahlen als Spitzenreiter durch Videospiele abgelöst, welche mittlerweile fast an die Jahresumsätze der Musikindustrie heranreichen.[1]

Nach der durch das Institut für Medien- und Konsumforschung erhobenen *„Typologie der Wünsche“*, besitzen rund 39 Millionen Deutsche im Alter über 14 Jahren einen PC, MAC oder ein Notebook, was einem Anteil von 60% der Bevölkerung entspricht.[2] 19% der Deutschen dieser Altersgruppe verfügen über mobile (Nintendo DS) oder stationäre (X-Box 360) Videospielgeräte und 16 % sind darüber hinaus auch mit Spielequipment wie z.B. Gamepads, Joysticks oder Lenkräder ausgestattet.[3] Hinzu kommt eine weite Verbreitung von Internetbreitbandanschlüssen wie DSL in dieser Zielgruppe, welche Voraussetzung für Online-Gaming oder das Streamen von hochauflösenden Videoformaten sind. Etwa 27 Millionen Haushalte mit einem PC, Mac oder Notebook besitzen ebenfalls eine breitbandige Internetanbindung.[4]

„Die Mediennutzung der Deutschen steckt mitten in einem gewaltigen Umbruch.“[5] Als Folge der technologischen Entwicklung eröffnet sich die Möglichkeit, ein ständig steigendes Angebot an Medieninhalten zu nutzen.[6] Die virale Verbreitung des Internets ist dabei als zentrales Bespiel zu nennen. Häufig wird dabei von dem am schnellsten wachsende Medium gesprochen.[7] Waren es von Anbeginn Forscher, die das Netz nutzten, sind es heute Jugendliche und Hausfrauen, Unternehmer und Rentner, die auf das globale Wissen des

[1] Vgl. Electronic Arts/Jung von Matt/Gee (2006), S. 7.
[2] Vgl. o.V. (2010b).
[3] Vgl. o.V. (2010b).
[4] Vgl. o.V. (2010b).
[5] Hammen/Adler/Neumüller (2010), S. 3.
[6] Vgl. Hammen/Adler/Neumüller (2010), S. 3.
[7] Vgl. Kuhn (2006), S. 6.

Internets zugreifen[8]. Hieraus ergeben sich zum einen weitreichende Veränderungen im Verhalten der Individuen.[9] So sinken z.B. die Preisbereitschaft und Markenloyalität aufgrund der gesteigerten Preistransparenz, die durch das Internet entstanden ist.[10] Der Erfolgszug des Internets hat anderseits aber auch dazu geführt, dass sich als Folge der Veränderung von Konsumentenbedürfnissen, das Marketingumfeld ebenfalls einem Wandel unterzogen hat.[11] Vor allem Probleme, wie die abnehmende Wirksamkeit altbewährter Kommunikationsformenwie z.B. der TV-Werbung, stellen die werbetreibende Industrie vor große Herausforderung. Zwar stellt das Fernsehen immer noch das Medium, mit der größten Reichweite dar. 8.500 Werbespots pro Tag bergen jedoch norme Schwierigkeiten für Unternehmen Aufmerksamkeit zu generieren.[12]

Von herausragender Bedeutung ist dabei die werbliche Ansprache von schwer zugänglichen Zielgruppensegmenten, wie der *„Unreachables“*.[13] Hierbei handelt es ich um junge Männer zwischen 18 und 34 Jahren, die ihre Freizeit weniger vor dem Fernseher, sondern zunehmend vor dem Computer oder der Spielkonsole verbringen. Dabei muss das Bild des blassen, unsportlichen Teenagers, der seine sozialen Kontakte bestenfalls online pflegt und sich nicht für Mode interessiert als völlig überholt angesehen werden. So treiben selbst die Intensivspieler, welche oft als der Stereotyp eines „Computer-Nerds“ herhalten müssen, Sport, treffen sich regelmäßig mit Freunden und zeigen auch sonst das typische Freizeitverhalten eines Teenagers.[14] Die NPD-Group kam darüber hinaus zu dem Ergebnis, dass international über 70% der Männer zwischen 18 und 34 Jahren zu den sogenannten „Gamern“ gezählt werden können, also der Gruppe der „Unreachables“ angehören.[15] Diese Gruppe zeichnet sich durch eine hohe Technologiebegeisterung aus. So lassen sich rund 38% der Internetnutzer („Onliner“) und der Gamer der Gruppe der Innovatoren und frühen Adoptoren zuordnen. Sie wechseln schnell auf neue Produktinnovationen und sind auch bereit, dafür Premiumpreise zu zahlen. Generell zeichnen sich Gamer durch eine hohe Zahlungsbereitschaft aus, was sie unter anderem als Zielgruppe so attraktiv macht. Darüber hinaus nehmen sie aber auch eine wichtige Rolle als Meinungsführer ein, da sie weniger

[8] Vgl. Alby (2008), S. 11 ff.
[9] Vgl. Thomas/Stammermann (2007), S. 18 f.
[10] Vgl. Levine (2005), Aufruf am: 24.11.2010; Lewis/Porter (2010), S. 46; Nelson et al. (2006), S. 87.
[11] Vgl. Thomas/Stammermann (2007), S. 18 f.
[12] Vgl. Szameitat (2006), S. 2 f.
[13] Vgl. Levine (2005), o. S.
[14] Vgl. Electronic Arts/Jung von Matt/Gee (2006), S. 14.
[15] Vgl. Thomas/Stammermann (2007), S. 34.

technologisch versierte Personen bei ihren Kaufentscheidungen unterstützen und beraten.[16] Die Bedeutung dieser Gruppe für das Marketing ist somit offenkundig. Es gilt daher geeignete Kommunikationskanäle zu erschließen, um die Ansprache dieser Gruppe zu gewährleisten.

Eine vielversprechende Möglichkeit bietet in diesem Zusammenhang das In-Game Advertising.[17] Tatsächlich verzeichnet der In-Game Advertising Markt hohe Wachstumsraten, welche auf ein Marktpotential von 1 bis 2 Milliarden Euro im Jahr 2012 hoffen lassen.[18] Das hohe Wachstumspotenzial begründen die Vermarkter dieser Werbeform im Wesentlichen mit dem Zeitaufwand, den Spielerin dieses Hobby investieren (z.B. für sogenannte „MMORPGs" (Massively Multiplayer Online Role-Playing-Games wie *"World of Warcraft"*). Dieser kann in einigen Fällen bis zu mehreren hundert Tagen betragen.[19] Daraus resultieren einerseits hohe Kontaktraten, welche für die Beeinflussung von Einstellungen und Verhaltensweisen unabdingbar sind. Andererseits bedeutet dies auch, dass eine bloße Platzierung von Markenlogos oder Produkten einer Marke in einem Spiel höchstwahrscheinlich nicht die gewünschten Effekte erzielt. Daher wird in der wissenschaftlichen Literatur, aber auch von den Spielern selbst, trotz der überraschenderweise positiven Einstellung, welche Spieler gegenüber In-Game Advertising angeben, die Wichtigkeit einer übergangslosen Implementierung stets bekräftigt.[20]

Richtet man das Augenmerk auf Forschungsbemühungen in diesem Feld, wird deutlich, dass bisher keine empirisch abgesicherten Erkenntnisse vorliegen, die Aufschluss darüber geben, in welchem Ausmaß der Fit zwischen den drei Elementen Spiel, Spieler und Marke für die Wahrnehmung einer Werbemaßnahme entscheidend ist. Weiterhin ist von Interesse, welche Reaktionen Spieler auf kongruente Werbemaßnahmen zeigen und wie sich diese letztendlich auf die Markeneinstellung und Kaufabsicht auswirken. Bisherige Forschungsarbeiten führen keine differenzierte Betrachtung der verschiedenen Fit-Dimensionen, sowie deren Einfluss auf die Wahrnehmung und Reaktion der Spieler durch, sondern stellen den Fit auf aggregiertem Niveau dar. Um jedoch konkrete Implikationen für die Praxis generieren zu

[16] Vgl. Thomas/Stammermann (2007), S. 34.
[17] Vgl. Thomas/Stammermann (2007), S. 18.
[18] Vgl. Thomas/Stammermann (2007), S. 19.
[19] Die Berechnung setzt sich aus der durchschnittlichen Spielzeit pro Woche zusammen, die laut FAZ mit rund 17 Stunden pro Woche im Durchschnitt angegeben werden kann und dem Umstand, dass World of Warcraft nun seit rund 6 Jahren gespielt wird. Vgl. Schmidt (2007). Berücksichtigt man diese Fakten ergeben sich Spielzeiten von über 200 Tagen auf 6 Jahre.
[20] Vgl. Lewis/Porter (2010), S. 47; Yang et al. (2006), S. 144; Nelson et al. (2004), S. 9; Nelson (2002), S. 86.

können, muss eine spezifischere Analyse des Fits erfolgen, damit daraus konkrete Handlungsvorgaben für die Umsetzung einer Werbemaßnahme abgleitet werden können. An diesem Punkt setzt das vorliegende Buch an. Das primäre Ziel besteht darin, ein Erklärungsmodell zu entwickeln, mit dessen Hilfe der Einfluss verschiedener Fit-Dimensionen auf die Wahrnehmung und Reaktion bzgl. einer In-Game Werbemaßnahme erklärt werden kann. So soll die irritierende Wirkung einer In-Game Werbemaßnahme bewusst kontrolliert und reduziert werden.

Zur Umsetzung der formulierten Zielsetzung gliedert sich das Buch in fünf Kapitel. In Kapitel Zwei bilden konzeptionelle Grundlagen den Fokus der Betrachtung. Dabei werden die Begriffe des Product Placements und In-Game Advertising definiert und im Folgenden vom "Advergamings" abgegrenzt. Weiterhin werden die wissenschaftlichen Modelle der Werbewirkungsforschung dargestellt, welche zur Erläuterung der Wahrnehmung einer Werbemaßnahme grundlegend sind. Das zweite Kapitel endet mit einer Definition des Markenimages.

Das dritte Kapitel befasst sich mit der Konzeptualisierung und Darstellung des postulierten Wirkungsgefüges. Die argumentative Auseinandersetzung mit den dem Realphänomen zugrundeliegenden Theorien führt schließlich zur Ableitung der anzunehmenden Ursache-Wirkungszusammenhänge. In Kapitel 4 erfährt das postulierte Hypothesengeflecht schließlich eine Überprüfung an der Realität. Dabei wird explizit auf die Unreachables als fokussierte Zielgruppe eingegangen. Den Abschluss bilden eine Zusammenschau der gewonnenen Erkenntnisse sowie die Darlegung der Restriktionen der vorliegenden Studie.

2 Product Placement in digitalen Unterhaltungsmedien

2.1 Branded Entertainment

2.1.1 Definition von Product Placement

Koch definiert Product Placement als „*die gezielte Platzierung von Markenprodukten in Filmen, TV-Serien, Video-Programmen*".[21] Wichtig dabei ist, dass die Produkte als reale Requisite in die Handlung eines Unterhaltungsprogramms eingebaut werden und somit einen bedeutungsvollen Bestandteil von selbigem bilden.[22] *Van Reijmersdal et al.* konkretisieren „bedeutungsvoll" indem sie festhalten, dass die Produkte nicht willkürlich dort platziert werden, sondern beabsichtigt in einem bestimmten Kontext eingebettet sind und somit der zielgruppenorientierten Ansprache und Beeinflussung der Markenwahrnehmung dienen.[23] Der Anbieter einer Marke hat für die Einbindung seiner Produkte in die Handlung eines Films oder Computerspiels i.d.R. an die Entwickler des Unterhaltungsmediums Zahlungen zu leisten.[24] Wichtige Erfolgsfaktoren des Product Placements sind die Beliebtheit und Bekanntheit des Medieninhaltes sowie die klare Beziehung zwischen dem Produkt und der dargestellten Handlung.[25]

Abbildung 1: In Game Ad im Spiel "Splinter Cell "[26], sowie Product Placement von Adidas und Telekom in FIFA 11[27]

Oftmals dienen Product Placements dazu, die enormen Produktionskosten heutiger Unterhaltungsmedien zumindest teilweise zu decken. So wurden für den Film „Transformers

[21] Koch (1999), S. 85.
[22] Vgl. Trommsdorff (2009), S. 280 f.; Koch (1999), S. 85.
[23] Vgl. van Reijmersdal et al.(2009), S. 429; Mackay et al. (2009), S. 436.
[24] Vgl. Koch (1999), S. 85.
[25] Vgl. Trommsdorff (2009), S. 280.
[26] Quelle: o.V. (2010a).
[27] Quelle: o.V. (2009).

– Die Rache" rund 3 Millionen US-Dollar, nur durch General Motors eingenommen, deren Fahrzeuge den Protagonisten des Films, den sogenannten „Autobots", ihre äußere Erscheinung verliehen.[28] Aber auch in Video- und Computerspielen stößt man immer wieder auf Product Placements, so z.B. die Platzierungen von Sportartikelherstellern wie Adidas und Nike in Spielen der Reihen FIFA oder PES, oder aber die Platzierung von AXE und Airwaves im Spiel „Splinter Cell – Chaos Theory", wie *Abbildung 1* zeigt.[29]

2.1.2 Ziele sowie Stärken und Schwächen des Product Placements

Die Ziele des Product Placements sind vielfältig und werden meist mit der Steigerung der Markenbekanntheit, Verbesserung der Markeneinstellung und manchmal auch mit einem Anstieg der Verkaufszahlen angegeben.[30] Aber auch die Beeinflussung der Markenwahrnehmung und Emotionalisierung von Marken stellt eine häufige Zielsetzung dar.[31] In der heutigen Zeit der Werbe- und Informationsüberflutung und dem damit verbundenen Vermeidungsverhalten der Konsumenten, wird im Product bzw. Brand Placement eine Möglichkeit gesehen, Markenbotschaften so in Unterhaltungsmedien zu platzieren, dass Ausweichreaktionen der Konsumenten wie „Zapping" oder Ignorieren der Werbung umgangen werden können.[32] Darüber hinaus hat Product Placement gegenüber der klassischen TV-Werbung den Vorteil, dass es Produkte in ihrer natürlichen Gebrauchssituation zeigt.[33] Der Überzeugungsversuch ist somit weniger offensichtlich und die Produktintegration wirkt in den Augen der Zuschauer authentischer.[34] Außerdem wird das momentane Ziel des Zuschauers bzw. Spielers, nämlich sich dem Inhalt des Unterhaltungsmediums zu widmen, nicht wie bei Werbeeinspielungen oder Pop-Up Werbungbeeinträchtigt, was zu Irritation des Konsumenten führen kann.[35] Die Einbindung eines Produkts ist dabei jedoch nicht einfach, da einerseits das Produkt wahrgenommen, andererseits jedoch nicht bewusst als werbliche Platzierung erkannt werden soll, da dies zu Abwehrreaktionen und Reaktanz seitens der Zuschauer führen könnte. Das heißt, die Anwesenheit des Markenprodukts muss dem Zuschauer bzw. Spieler absolut

[28] Vgl. o.V., (o.J.a).
[29] Vgl. o.V. (o.J.b).
[30] Vgl. Nelson (2002), S. 81.
[31] Vgl. Huber et al. (2009), S. 7 f.
[32] Vgl. Trommsdorff (2009), S. 280; d'Astous/Chartier (2000), S. 31.
[33] Vgl. Nelson (2002), S. 81.
[34] Vgl. d'Astous/Chartier (2000), S. 31.
[35] Vgl. Grigorovici/Constantin (2004), S. 23; Edwards et al. (2002), S. 85.

selbstverständlich erscheinen.[36] Allerdings liegt hierin ein Problem des Product Placements begründet, da sehr kongruente Platzierungen, also solche die zum Inhalt des Unterhaltungsmediums passen bzw. mit ihm verschmelzen, i.d.R. nicht explizit wahrgenommen werden. Inkongruente Platzierungen fallen dagegen zwar auf, können aber dazu führen, dass der Konsument die Werbeplatzierung genauer hinterfragt und so evtl. negative Einstellungen gegenüber der Marke entwickelt.[37] Daher kommen einige Studien zu dem Ergebnis, dass Product Placements am wirkungsvollsten sind, wenn sie übergangslos mit dem Medieninhalt verschmelzen.[38] Diese Aussage impliziert, dass eine explizite Wahrnehmung bzw. Erinnerung eines Product Placements nicht unbedingt notwendig, bzw. auch gar nicht erwünscht ist, sondern vielmehr die unbewusste, implizite Wahrnehmung bereits verhaltenswirksam werden kann. Es hat sich gezeigt, dass das bloße Wiedererkennen vor dem Ladenregal bereits ausreichen kann, um eine Kaufentscheidung positiv zu beeinflussen.[39] Dieser Umstand wird häufig durch den "mere exposure effect" erklärt, demzufolge die wiederholte Konfrontation mit einem Stimulus zu besseren Einstellungen gegenüber selbigem führt.[40]

Aus rechtlicher Sicht ist Product Placement allerdings nicht unumstritten, da gemäß dem §1 UWG[41] bezahlte und getarnte Werbung als sittenwidrig anzusehen ist.[42] Bemerkenswert jedoch ist, dass Konsumenten trotz der öffentlichen Diskussion um „Schleichwerbung" der Praxis des Product Placements nicht grundsätzlich ablehnend gegenüber stehen.[43] Immer wieder geben sie in Befragungen an, dass Product Placements den Realismus fördern, bei der Charakterprofilierung der Schauspielrollen bzw. der Spielcharaktere helfen und ein Gefühl von Vertrautheit und Familiarität vermitteln können.[44] Außerdem bieten sie den Zuschauern

---

[36] Vgl. Koch (1999), S. 384 f.
[37] Vgl. Peracchio/Tybout (1996), S. 177.
[38] Vgl. Lewis/Porter (2010), S. 48; Wei et al. (2008), S. 34; Hudson/Hudson (2006), S. 497; Russel (1998), S. 359 ff.
[39] Vgl. Wei et al. (2008), S. 34; Yang et al. (2006), S. 150.
[40] Vgl. Zajonc (1968) für weiterführende Literaturrecherche zum Thema „mere exposure effect".
[41] Wortlaut des Gesetzes: „Eine geschäftliche Handlung, durch die ein Marktteilnehmer in unzumutbarer Weise belästigt wird, ist unzulässig. Dies gilt insbesondere für Werbung, obwohl erkennbar ist, dass der angesprochene Marktteilnehmer diese Werbung nicht wünscht". Vgl. hierzu UWG (2008).
[42] Vgl. Trommsdorff (2009), S. 280 f.
[43] Vgl. Glass (2007), S. 23; Nelson (2002), S. 80; d'Astous/Chartier (2000), S. 32.
[44] Vgl. Nelson (2002), S. 80.

die Möglichkeit, sich mit den Schauspielern zu identifizieren, wenn diese gleichen Marken wie die Zuschauer nutzen.[45]

2.1.3 Definition von In-Game Advertising und Abgrenzung von Advergaming

Branded Entertainment wird heutzutage als Sammelbegriff für die meisten Praktiken der Online-Unterhaltung verwendet, bei denen die unterhaltsamen Aspekte von z.B. Videospielen oder Webseiten mit den beeinflussenden Aspekten der Werbebotschaften verknüpft und die Trennlinien zwischen Medium und Werbung somit verwischt werden.[46] Branded Entertainment umfasst nicht bloß die Platzierung von Produkten, sondern vielmehr deren Integration in die Storyline des Unterhaltungsmediums, was enge Zusammenarbeit zwischen den Markenanbietern und den Entwicklern des Mediums voraussetzt.[47] Sowohl In-Game Advertising als auch Advergaming können unter diesem Sammelbegriff subsumiert werden. Analog zu *Winkler/Buckner* soll im Folgenden jedoch eine Unterscheidung zwischen beiden Praktiken erfolgen.[48]

In-Game Advertising beschreibt die Anwendung der aus Film und Fernsehen bekannten Praxis des Product Placements auf Computer- und Videospiele als neues Unterhaltungsmedium.[49] Jedoch unterscheidet sich In-Game Advertising vom klassischen Product Placement in Film und Fernsehen durch die hohe Interaktivität und Immersivität des Unterhaltungsmediums.[50] Diese Interaktivität erlaubt ein höheres Maß an Involvement und ermöglicht es dem Spieler, mit den Produkten multisensorisch, virtuell zu interagieren, statt ausschließlich Dritte bei der Interaktion zu beobachten.[51] Im Gegensatz zum klassischen Product Placement war es bei Computerspielen jedoch nicht immer üblich, dass Markenanbieter an die Spielentwickler gezahlt haben, damit diese ihre Produkte platzieren.[52] Vielmehr zahlten die Spielentwickler Lizenzgebühren an die Markenanbieter, damit sie ihre Marken verwenden durften. Erst gegen Ende der 90er Jahre, mit steigender Beliebtheit und Verbreitung von Videospielen, kam es zu einer Verschiebung der Zahlungsflüsse und damit auch einer Verschiebung des Einflusses von den Markenanbietern hin zu den

[45] Vgl. DeLorme/Reid (1999), S. 79.
[46] Vgl. Grigorovici/Constantien (2004), S. 22.
[47] Vgl. Hudson/Hudson (2002), S. 492.
[48] Vgl. Winkler/Buckner (2006), S. 37.
[49] Vgl. Glass (2007), S. 23; Yang et al. (2006), S. 143.
[50] Vgl. Gross (2010), S. 1.
[51] Vgl. Grigorovici/Constantin (2004), S. 22.
[52] Vgl. Thomas/Stammermann (2007), S. 18.

Spielentwicklern.[53] In-Game Advertising findet vorrangig im Rahmen von Sport- und Rennspielen Anwendung.[54] Dabei sind im Spielverlauf meist mehrere Marken zu sehen, die oft statisch im Hintergrund platziert sind. Die Marken erfüllen hier eine eher sekundäre Aufgabe, indem sie dazu beitragen sollen den Realismus bzw. die Authentizität der dargestellten Spielszene zu fördern, ohne vom Spielgeschehen als eigentlichem Aufmerksamkeitsfokus abzulenken.[55]

Dass Marken durch Authentizität und Realismus einen positiven Einfluss auf das Spielerlebnis ausüben, lässt sich dadurch verdeutlichen, dass bei Spielen, die fiktive Marken enthalten, immer wieder auf sogenannte „Mods" (Kurzform von Modifikation) zurückgegriffen wird. So können bspw. fiktive Fahrzeuge im Spiel durch ihre realen Pendants ersetzt werden, da dies der Authentizität des Spielerlebnisses zuträglich ist und so ein höheres Maß an Spieltiefe erzeugt werden soll.[56] Allerdings gilt dies nicht bedingungslos. *Nelson* hält dazu fest, dass das Spielgenre bzw. der durch das Spiel vermittelte Kontext in einem logischen Zusammenhang zur Marke stehen muss, welche im Spiel platziert wurde.[57] Nicht selten wird auch die aus dem Sponsoring bekannte Testimonial-Funktion z.B. von Spitzensportlern genutzt. So erscheint die FIFA-Serie in jedem Land mit einem länderspezifischen Profi-Fußballer. In Deutschland ziert dieses Jahr voraussichtlich Mesut Özil das Cover von "FIFA 2011".[58]

Advergames erfüllen demgegenüber lediglich den Zweck, die Werbebotschaft des Werbetreibenden zu transportieren. Es handelt sich also quasi um ein Computerspiel, welches im Auftrag des Markenanbieters „um die Marke herum" produziert wurde.[59] D.h. statt das Werbemittel in den Spielinhalt einzubinden, stellt das Advergame selbst das Werbemittel dar.[60] Advergames sind kostenlos, meist von geringerer Komplexität und geringem Umfang, und i.d.R. web-basiert, also direkt auf der Website des Markenanbieters implementiert und

[53] Vgl. Nelson (2002), S. 81.
[54] Vgl. Schwarz (2005), Aufruf am: 4.11.2010.
[55] Vgl. Gross (2010), S. 1; Nelson et al. (2004), S. 7.
[56] Vgl. o.V. (o.J.c). Anmerkung: Auf dieser Webseite gibt es oben genannte Modifikationen für das Spiel „Grand Theft Auto 4". Zu sehen sind i.d.R. die aktuellsten Fahrzeuge, welche die fiktiven Spielpendants ersetzen.
[57] Vgl. Nelson (2002), S. 84.
[58] Vgl. o.V. (o.J.d).
[59] Vgl. Thomas/Stammermann (2007), S. 53 f.
[60] Vgl. Wise. et al. (2008), S. 15; Winkler/Buckner (2006), S. 37.

spielbar.[61] Im Gegensatz zu IGA steht also die Marke im Vordergrund und das Spiel erfüllt nur den Zweck, die Werbebotschaft in einem unterhaltsamen Kontext zu transportieren. Advergames sind meist Bestandteil einer medienübergreifenden Werbekampagne, die neben interaktiven Online-Inhalten auch Print- und TV-Kampagnen umfasst. *Glass* spricht in diesem Zusammenhang von einer „Integrated Marketing Communications (IMC) Campaign", die mit der gleichen Werbebotschaft auf verschiedenen Werbekanälen versucht, Konsumenten zu erreichen. *Ray Ban* z.B. betrieb im Rahmen des Films „Men in Black" eine großangelegte Kampagne. Die Brillen wurden bereits vor dem Filmstart beworben, dann von den Hauptdarstellern Will Smith und Tommy Lee Jones während des Films getragen und auch lange nach Filmende, erschienen Werbemaßnahmen in Print- und Onlinemedien sowie im TV.[62]

2.1.4 Integrationsformen der Marke im In-Game Advertising

Winkler/Buckner unterscheiden drei Formen der Integration von Marken in Computerspiele: assoziativ, illustrativ und demonstrativ.[63] Die niedrigste Integrationsstufe einer Marke in ein Computerspiel stellt die **assoziative Integration** dar. Hierbei wird das Logo oder ein Produktbildder Marke gezielt in Spielen platziert, die Aktivitäten zeigen, welche aus funktioneller oder Lifestyle-technischer Sicht, Assoziationen zur Marke aufweisen.[64] Diese Form der Integration eignet sich insbesondere, um Markenbekanntheit (brand awareness) zu erzielen.[65] Eine direkte Interaktion mit dem Produkt ist jedoch nicht vorgesehen, da die Platzierung statischer Natur ist.[66] Bei der **illustrativen Integration** nehmen eines oder mehrere Produkte einer Marke eine zentrale Rolle im Spiel ein. Der Spieler kann das Produkt innerhalb des Spiels nutzen, ohne dass jedoch genauer auf konkrete Eigenschaften eingegangen wird. Als Beispiel für ein illustratives Placement könnte man z.B. die Verwendung von Lego Charakteren im Rahmen der inzwischen umfangreichen Sammlung an Lego-Spielen nennen.[67] Diese Form eignet sich ebenfalls zur Erzeugung von Aufmerksamkeit für die Produkte des Anbieters.[68] Allerdings kann davon ausgegangen werden, dass aufgrund der direkten Interaktion und der damit verbundenen größeren Aufmerksamkeit für das

[61] Vgl. Lewis/Porter (2010), S. 47; Gross (2010), S. 1; Winkler/Buckner (2006), S. 38.
[62] Vgl. Glass (2007), S. 24 f.
[63] Ähnlich Thomas/Stammermann (2007), S. 56 f.
[64] Vgl. Winkler/Buckner (2006), S. 39.
[65] Vgl. Chen/Ringel (2001) zitiert aus Winkler/Buckner (2006), S. 39.
[66] Vgl. Thomas/Stammermann (2007), S. 56 f.
[67] Vgl. Winkler/Buckner (2006), S. 39.
[68] Vgl. Thomas/Stammermann (2007), S. 56 f.

Produkt, stärkere Effekte als bei der rein assoziativen Integration erzielt werden können. Als komplexeste Integrationsform ist die **demonstrative Integration** zu nennen. Demonstrative Integrationen erlauben es dem Spieler, Markenprodukte in einem natürlichen Kontext zu erleben, welcher durch das Spiel virtuell reproduziert wird. So lernt der Spieler z.B. durch den Vergleich verschiedener Produkte sowie durch die virtuelle Interaktion und Nutzung konkrete Eigenschaften des Produktes kennen.[69] Diese Form der Integration stellt die teuerste und aufwändigste Form der Markenintegration dar, da sie i.d.R. eine Neuentwicklung des Spiels erfordert und bereits während des Entwicklungsprozesses des Spiels in Abstimmung mit den Spielentwicklern gestaltet wird.[70]

2.2 Theoretische Konzepte zur Erklärung der Wahrnehmung von In-Game Werbemaßnahmen

2.2.1 Die Schema-Theorie als Grundlage zur Kongruenzbeurteilung

Das Wissen, das wir über Gegenstände, Personen, Zustände, Ereignisse und Handlungen halten, wird in Schemata vereint.[71] *Fiske/Linville* definieren Schemata als *„...kognitive Strukturen organisierten vorhandenen Wissens, entstanden durch Abstraktion von Erfahrungen mit Einzelfällen...“*.[72]

Ein Schema besteht also aus standardisierten Vorstellungen darüber, wie ein Sachverhalt typischerweise gestaltet ist,[73] und kann sowohl mit sprachlichen als auch bildlichen Vorstellungen über den Gegenstandsbereich verbunden sein.[74] *Kroeber-Riel et al.* halten darüber hinaus fest, dass Schemata mehr oder weniger abstrakt und hierarchisch in Form semantischer Netzwerke organisiert sind.[75] Der hierarchische Aufbau beinhaltet, dass Merkmale übergeordneter Kategorien an untergeordnete quasi „vererbt“ werden, wobei jedoch zusätzliche Informationen in untergeordneten Schemata enthalten sein können.[76] Übergeordnete Schemata stellen also quasi eine Abstraktion der Merkmale dar, die allen untergeordneten Schemata gemein sind. Hoch entwickelte Schemata zeichnen sich durch größere Reichhaltigkeit und Komplexität aus, sind tiefer und besser organisiert und exakter

[69] Vgl. Winkler/Buckner (2006), S. 39.
[70] Vgl. Huber et al. (2009), S. 9.
[71] Vgl. Kroeber-Riel et al. (2009), S. 284; Esch (2006), S. 85.
[72] Vgl. Fiske/Linville (1980), S. 543, zitiert aus Kroeber-Riel et al. (2009), S. 283.
[73] Vgl. Trommsdorff (2009), S. 275; Kroeber-Riel et al. (2009), S. 283.
[74] Vgl. Kroeber-Riel et al. (2009), S. 284.
[75] Vgl. Kroeber-Riel et al. (2009), S. 283; Trommsdorff (2009), S. 85 f.
[76] Vgl. Kroeber-Riel et al. (2009), S. 282 f.; Bräutigam (2004), S. 72 f.

als schwach entwickelte Schemata.[77] Sie umfassen sowohl deklarative als auch prozedurale Wissenskomponenten. Prozedurale Wissenskomponenten erfassen das Wissen über Abläufe, deklarative dagegen spiegeln sich im Wissen über Eigenschaften eines Objekts wider.[78]

Wird nun ein Schema z.B. durch einen werblichen Stimulus aktiviert, werden je nach Wissensstand des Konsumenten Erwartungen über die Beschaffenheit dieses Stimulus ausgelöst.[79] Außerdem werden mit großer Wahrscheinlichkeit auch andere zu diesem Schema gehörende oder mit diesem Schema assoziierte Elemente aktiviert.[80] Die Aktivierung erfolgt dabei in Abhängigkeit davon, wie nah die Elemente im kognitiven Netzwerk zusammen liegen.[81] Entspricht der präsentierte und vom Konsumenten tatsächlich wahrgenommene Stimulus nicht den Erwartungen, führt dies bei ausreichend Inkongruenz zu Irritationen aufgrund von Frustration, Hilflosigkeit oder Unsicherheit.[82]

Die Grundgedanken dieser Erklärung gehen auf den neuigkeitsbasierten Ansatz nach *Mandler* zurück.[83] Hiernach wird davon ausgegangen, dass schemakongruente Stimuli nicht erregend sind und daher lediglich ein leicht positives Gefühl aufgrund von Vertrautheit auslösen. Schema-inkongruente Stimuli dagegen wirken erregend und verursachen eine intensivere kognitive Elaboration des Stimulus.[84] Ist die Inkongruenz nur moderat, kann diese bewältigt werden, indem die neuartige Information in das bestehende Netzwerk, durch Anpassung des Schemas oder die Bildung von Subschemata, integriert wird.[85] Moderate Inkongruenz führt laut *Mandler* sogar zu noch positiveren Reaktionen als vollständige Kongruenz, aufgrund des Erkundungsakts und dem damit verbundenen Erfolgserlebnis.[86] Kann die Inkongruenz jedoch nicht bewältigt werden, kommt es zu den oben beschriebenen Abwehrreaktionen des Konsumenten.

---

[77] Vgl. Esch (2006), S. 92.
[78] Vgl. Regier (2005), S. 65.
[79] Vgl. Trommsdorff (2009), S. 275.
[80] Vgl. Kroeber-Riel et al. (2009), S. 285; Keller (1993), S. 2.
[81] Vgl. Trommsdorff (2009), S. 86.
[82] Vgl. Peracchio/Tybout (1996), S. 177.
[83] Vgl. Mandler (1982).
[84] Vgl. Meyers-Levy/Tybout (1989), S. 40.
[85] Vgl. Lewis/Porter (2010), S. 48 f.; Mandler (1982), S. 23.
[86] Vgl. Peracchio/Tybout (1996), S. 177.

2.2.2 Hinweise zum Stand der Forschung im Bereich Einstellungen

Die Einstellung kann ohne Zweifel zu den am intensivsten untersuchten Konstrukten der Marketing- und Konsumforschung gezählt werden.[87] Finden sich die Anfänge in der Sozialpsychologie[88] wird das Phänomen heute auch vermehrt in der Marketingforschung fokussiert.[89] Dabei zeigt sich die herausragende Stellung des Konstrukts in der zuverlässigen Funktion als Verhaltensprädiktor.[90] Bis heute hat sich, als Resultat der vielen verschiedenen Forschungsströme, jedoch kein einheitliches oder allgemeingültiges Begriffsverständnis durchgesetzt.[91] Vielmehr existieren unterschiedliche Ansätze, die in ihrer Dimensionalität und Art des untersuchten Einstellungsobjekts differieren. Konsens ergibt sich jedoch hinsichtlich der Annahme, dass die Einstellung ein theoretisches Konstrukt ist,[92] welches sich auf bestimmte Objekte bezieht und generell eine wertende Komponente aufweist sowie zeitlich relativ stabil ist.[93] *Kroeber-Riel/Weinberg* definieren Einstellungen bspw. als *„subjektiv wahrgenommene Eignung eines Gegenstandes zur Befriedigung einer Motivation“.*[94] Hier wird die affektive Komponente der Einstellung hervorgehoben, wobei jedoch auch kognitive (wissensbasierte) Komponenten enthalten sind.[95] Dieses Verständnis der Einstellung geht auf die sogenannte Means-End-Theorie zurück, die besagt, dass Konsumenten durch den Erwerb und Konsum von Produkten für sie wünschenswerte Ziele verfolgen und Nutzenerlebnisse suchen.[96] *Trommsdorff* geht noch einen Schritt weiter und berücksichtigt einen zeitlichen Rahmen in dem er konstatiert, Einstellung ist *„ein Zustand einer gelernten und relative dauerhaften Bereitschaft, in einer entsprechenden Situation gegenüber dem betreffenden Objekt regelmäßig mehr oder weniger stark positiv bzw. negativ zu reagieren.*[97] Einstellungen sind demnach zu verstehen als wertende Einschätzung von Gegenständen oder Situationen[98] und bestehen demnach aus einer logischen, verstandsorientierten (kognitiven) sowie einer emotionalen, gefühlsbetonten (affektiven) Komponente.[99] Bei der affektiven Komponente handelt es sich um die mit der Einstellung verbundene, gefühlsmäßige Einschätzung eines

---

[87] Vgl. Kroeber-Riel et al. (2009), S. 210.
[88] Vgl. Thomas/Znaniecki (1918), Watson (1925).
[89] Vgl. Thomas/Znaniecki (1918), Watson (1925).
[90] Vgl. Kroeber-Riel/Weinberg (2003), S. 2003; Braunstein (2001), S. 95.
[91] Vgl. Triandis (1975), S. 2 ff.
[92] Vgl. Fleming (1967).
[93] Vgl. Schumann (2001), S. 10.
[94] Vgl. Kroeber-Riel/Weinberg (2003), S. 169.
[95] Vgl. Kroeber-Riel/Weinberg (2003), S. 168.
[96] Vgl. Kroeber-Riel/Weinberg (2003), S. 169.
[97] Vgl. Trommsdorff (2009), S. 146.
[98] Vgl. Steffenhagen (2000), S. 95 ff.
[99] Vgl. Hammann/Erichson (2000), S. 335.

Objektes. Die kognitive Komponente beschreibt dagegen die mit der Einstellung verbundenen Gedanken und Assoziationen (subjektives Wissen) bzgl. des Bezugsobjekts.[100] Einstellungen sind nicht vererbt sondern werden im Laufe des Lebenszyklus erlernt und können über diesen, z.B. durch kommunikative Maßnahmen, auch modifiziert werden.[101] Man kann also zusammenfassend festhalten, dass sich Einstellungen vor allem durch eine Objektorientierung, Assoziationen bezüglich dieses Objekts und letztendlich der Bewertung dieser Assoziationen auszeichnen. Somit bildet die Kognition, also das Wissen welches wir über ein Einstellungsobjekt halten stets die Grundlage für dessen spätere affektive Bewertung.[102] *Eagly/Chaiken* betonen in diesem Zusammenhang, dass es sich bei besagten Einstellungsobjekten nicht zwangsläufig um dingliche Gegenstände handeln muss, sondern im Prinzip auch um Personen, Gegenstände aber auch abstrakte Objekte wie Ideologien, Religionen o.Ä. handeln kann.[103] Im Rahmen dieser Studie wird der dargelegten Auffassung gefolgt, welche die affektive und die kognitive Komponente unter dem Begriff Einstellungen i.e.S. subsumiert.[104] Demgegenüber existiert eine Strömung, die neben den genannten Dimensionen auch eine verhaltensbezogene Komponente berücksichtigt[105]. Die Kritik an diesem Begriffsverständnis fußt jedoch in der Tatsache, dass eine methodisch saubere Messung aufgrund der Korrelation unter den Konstrukten nicht garantiert werden kann.[106]

Letztlich resultiert die Bemühung einer sauberen Konzeptualisierung in der Absicht, eine Beziehung zwischen Einstellung und Verhalten zu identifizieren.[107] Eine der grundliegenden Theorien stellt die multiattributive Theory of Reasoned Action (TRA) von *Fishbein/Ajzen* dar.[108] Dieser Erwartungswertansatz modelliert Einstellungen als multiplikative Funktion der relevanten Annahmen und Assoziationen, die der Konsument bezüglich einer Marke bzw. einem Einstellungsobjekt besitzt und dem evaluativen Urteil über diese Assoziationen.[109] Auch wenn *Fishbein* und *Ajzen* in ihrem Modell ursprünglich nicht explizit auf die Rolles des

---

[100] Vgl. Kroeber-Riel et al. (2009), S. 225; Meffert (2000), S. 119.
[101] Vgl. Eagly/Chaiken (2007), S.584.
[102] Vgl. Grunert (1990), S.6.
[103] Vgl. Kroeber-Riel et al. (2009), S. 215; Eagly/Chaiken (2007), S. 583 f.
[104] Vgl. Hammann/Erichson (2000), S. 334 f.
[105] Vgl. Rosenberg/Hovland (1960); Eagly/Chaiken (1993); Meffert (2000), S. 119; Kroeber-Riel/Weinberg (2003), S. 179, Berekoven/Eckert/Ellenrieder (2004), S. 81
[106] Vgl. Ajzen (2002), S. 110.
[107] Vgl. Regier (2007), S. 40.
[108] Vgl. Fishbein/Ajzen (1975), S. 16; Bonfield (1974), S. 386.
[109] Vgl. Keller (1993), S. 4 f.; Fishbein/Ajzen (1975), S. 340 ff. für eine detailliertere Kritik der Dreikomponenten-Sichtweise auf die Einstellung.

Affekts eingehen, so postuliert Ajzen nachträglich, dass Einstellungen „Beliefs" zugrundeliegen, die sowohl kognitiver als auch affektiver Art sind.[110] Weitere betont *Triandis* die Relevanz der affektiven Dimension im Rahmen des Einstellungs-Verhaltens-Ansatzes[111]. *Abbildung 2* stellt die Bestandteile der TRA in einer auf das Thema angepassten und reduzierten Form dar.

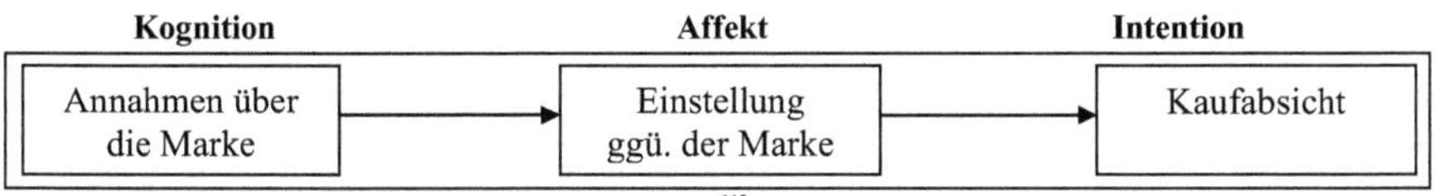

Abbildung 2: Für diese Arbeit reduziertes Modell der TRA[112]

2.2.3 Theorie der kognitiven Dissonanz – Wie wir auf Inkonsistenz reagieren

Festinger, als Wegbereiter der Theorie der kognitiven Dissonanz, beschreibt eine kognitive Dissonanz als „...*Vorhandensein von nicht zusammenpassenden Beziehungen zwischen Kognitionen*".[113] Die Theorie der kognitiven Dissonanz wird unter die Konsistenztheorien[114] und somit der neobehavioristischen S-O-R Sichtweise[115] (Stimulus, Organism, Response) zugeordnet.[116]

Trommsdorff definiert in diesem Zusammenhang Kognitionen als „...*eigenständig bewusst zu machende Wissenseinheiten, d.h. als subjektives Wissen, das bei Bedarf zur Verfügung steht, sei es intern als gespeicherte Information, die durch Erinnern (Abrufen) verfügbar ist, sei es als externe Information, die durch Wahrnehmen (Aufnehmen) verfügbar wird*".[117] Damit sind Kognitionen sehr weit umschrieben, da sie als Anreicherung der Konstrukte Involvement, Emotionen, Motive, Einstellungen, Werte sowie Lebensstil dienen und somit in jedem Konstrukt enthalten sind.[118]Kognitionen stehen in interdependenten, konsistenten

---

[110] Vgl. Ajzen (1998), S. 248; Liska (1984), S. 62.
[111] Vgl. Triandis (1977).
[112] Abbildung in Anlehnung an Kroeber-Riel et al. (2009), S. 214.
[113] Festinger (1978), S.16.
[114] Vertreter der Konsistenztheorien gehen davon aus, dass Individuen innerhalb ihrer kognitiven Strukturen ein harmonisches, kognitives Gleichgewicht anstreben. Vgl. Mayer/Illmann/ (2000), S. 201.
[115] Vgl. Kroeber-Riel/Weinberg (1996), S. 29 f.
[116] Vgl. Homburg/Krohmer (2003), S. 73.
[117] Trommsdorff (2009), S. 79.
[118] Vgl. Trommsdorff (2009), S. 79.

Beziehungen zueinander und bilden so ein System, in dem die Änderung einer Einstellung auch Auswirkungen auf andere Einstellungen hat.[119]

Gemäß der Theorie der kognitiven Dissonanz streben Konsumenten nach einer „*widerspruchsfreien und harmonischen Verknüpfung von inneren Erfahrungen, Kognitionen oder Einstellungen*".[120] Das heißt, jedes Individuum hat das Bedürfnis, auftretende Wiedersprüche (Inkonsistenzen) in seinem Einstellungssystem zu beseitigen oder von vornherein zu vermeiden (Inter-Einstellungskonsistenz).[121] Einstellungen sind also mehr oder weniger stark miteinander verknüpft, in Subsystemen angeordnet und diese wiederum in einem Gesamtsystem zusammengefasst.[122] Wichtig dabei ist, dass nicht alle Einstellungen zueinander in konsistenten Beziehungen stehen müssen. Lediglich solche Einstellungen, die sich im selben Subsystem befinden und somit eine relevante Assoziation zueinander aufweisen, müssen konsistent sein, um das Gleichgewicht des Subsystems nicht zu gefährden.[123] Kommt es jedoch, z.B. durch die externe Aufnahme widersprüchlicher Informationen, entgegen der Anstrengungen des Individuums zu einer kognitiven Dissonanz, die als unangenehmer psychischer Spannungszustand wahrgenommen wird, stehen dem Konsumenten verschiedene Alternativen zur Dissonanzreduktion zur Verfügung:[124]

- A priori Umgehung von Inkonsistenzen, durch Vermeidung, Verleugnung und Nicht-Wahrnehmung von Informationen.
- Reduktion von Inkonsistenzen durch die Anpassung des Verhaltens oder der Einstellungen. Gemäß der Assimilations-Kontrast-Theorie, wird die Einstellung mit dem kleineren Assimilationsbereich an die mit dem größeren und damit gefestigteren Assimilationsbereich angepasst.[125]
- Die Situation wird in ihrer Bedeutung derart umdefiniert, dass aus Sicht des Individuums keinerlei Inkonsistenzen mehr auftreten.
- Die Inkonsistenzen werden schlichtweg aus dem Bewusstsein verdrängt.

---

[119] Vgl. Trommsdorff (2009), S. 146.
[120] Kroeber-Riel et al. (2009), S. 229.
[121] Vgl. Kroeber-Riel et al. (2009), S. 229; Kroeber-Riel/Weinberg (2003), S. 183.
[122] Vgl. Kroeber-Riel et al. (2009), S. 230.
[123] Vgl. Kroeber-Riel et al. (2009), S. 230 f.
[124] Vgl. im Folgenden: Kroeber-Riel et al. (2009), S. 230 f.
[125] Vgl. Kroeber-Riel et al. (2009), S. 228.

Durch die kognitive Dissonanz kommt es also zu einer Einstellungsänderung, die die Grundlage für spätere Verhaltensintentionen bildet. Diese Verhaltensintentionen beinhalten dabei angepasste Handlungsabläufe, die auf die Vermeidung der bereits erfahrenen kognitiven Dissonanzen ausgerichtet sind. So werden Aktivitäten bzw. Produkte, mit denen negative Erfahrungen gemacht wurden, zukünftig gemieden, um das kognitive Gleichgewicht aufrecht zu erhalten.

2.2.4 Das Persuasion Knowledge Modell – Wie wir Beeinflussungsversuche der Werbung bewältigen

Konsumenten haben Annahmen und Wissen über die Strategien, die Werbeagenten ihrem Handeln zugrunde legen, mit der Absicht den Konsumenten zum Kauf zu bewegen. Dieses Wissen bezeichnet man als Persuasion Knowledge (dt. Persuasionswissen).[126] Es ermöglicht ihnen, Beeinflussungsversuche der Werbung zu erkennen, zu analysieren, zu interpretieren und letztendlich die Angemessenheit zu evaluieren.[127]

Friestad/Wright unterstellen in dem von ihnen entwickelten Persuasion Knowledge Modell, dass das Persuasion Knowledge ein ausbaufähiges, miteinander vernetztes und schematisch funktionierendes Wissenskontingent darstellt, welches sich über die komplette Lebenszeit weiterentwickelt.[128] Es handelt sich dabei aber nicht bloß um individuell erworbenes Wissen, sondern auch zum Teil um weitergegebenes, also historisch und kulturell begründetes Wissen, dass sich von Generation zu Generation und zwischen verschiedenen Kulturen, aufgrund der Werbecharakteristika einer bestimmten Zeit bzw. Kultur, voneinander unterscheiden kann.[129] Das Persuasion Knowledge Modell unterscheidet zwischendem Konsumenten als Werbeziel und dem Werbeagenten als Werbetreibenden bzw. demjenigen, den der Konsument als Urheber des Beeinflussungsversuchs identifiziert. Sowohl das Ziel als auch der Agent besitzen ein mehr oder weniger elaboriertes Persuasion Knowledge sowie Wissen zum jeweiligen Gegenüber und dem Gegenstand des Beeinflussungsversuchs, der durch den Werbekontext vorgegeben wird. Beide Parteien bedienen sich dieser Informationen auf unterschiedliche Art und Weise. Der Konsument, als Ziel des Beeinflussungsversuchs, leitet aus seinem Persuasion Knowledge sogenannte Bewältigungsstrategien (engl. „persuasion

[126] Vgl. Friestad/Wright (1994).
[127] Vgl. Friestad/Wright (1994), S. 3.
[128] Vgl. Friestad/Wright (1994), S. 1.
[129] Vgl. Friestad/Wright (1994), S. 1; Trommsdorff (2009), S. 272 f.

coping behaviours“) ab, die er zur Handhabung des Beeinflussungsversuchs verwendet. Der Werbeagent dagegen leitet daraus möglichst effektive Strategien zur Beeinflussung der Annahmen, des Denkens und Empfindens, sowie letztendlich des Handelns und Entscheidens seines Ziels ab (engl. „persuasion attempt“).[130] Der Beeinflussungsversuch umschreibt hierbei nicht ausschließlich die intendierte Werbebotschaft aus Sicht des Agenten, sondern auch die Wahrnehmung des Konsumenten über das „Wie“ und „Warum“ hinter der Strategie des Agenten. Der direkt durch den Konsumenten beobachtbare Teil des Beeinflussungsversuchs wird als die Beeinflussungssitzung (engl. „persuasion episode“) bezeichnet.[131]

Dem Persuasion Knowledge Modell liegt der Gedanke zugrunde, dass der Konsument die Beeinflussung seines Handelns und Fühlens als unangenehmes Gefühl des Kontrollverlusts wahrnimmt, den es zu beseitigen gilt, da sein Handeln nicht mehr von seinen eigenen Zielen selbstbestimmt geleitet, sondern durch die Werbemaßnahme des Agenten strategisch beeinflusst wird.[132] Die Bewahrung der Kontrolle über die Beeinflussungssituation und deren mögliche Ausgänge stellt das Hauptziel des Konsumenten dar, der sich einem Beeinflussungsversuch ausgesetzt sieht.[133] Eine Werbebotschaft, die per Definition dazu geschaffen wurde, um vom Konsumenten bemerkt zu werden, kollidiert daher zwangsläufig mit den Zielen des Konsumenten, da sie die begrenzte Aufmerksamkeit des Konsumenten auf sich zieht. So werden die möglichen Handlungsalternativen, die er zur Erreichung seiner Ziele ergreifen kann beschränkt, weil er seine Ziele unter der Berücksichtigung der Werbemaßnahme neu bewerten, und entsprechende Handlungsalternativen ergreifen muss.[134] Je stärker eine Werbebotschaft als konträr zu den eigenen Zielen wahrgenommen wird, desto unangenehmer wird dieser Kontrollverlust empfunden. Der Konsument muss einen kognitiven Mehraufwand zur Koordination seiner Aufmerksamkeit zwischen der Werbung als Sekundärziel und seinen Primärzielen (hier bspw. dem Computerspiel) aufbringen, welches die Erreichung seiner Primärziele zusätzlich limitiert.[135]

Abbildung 3 zeigt die Grundelemente des Persuasion Knowledge Modells übersichtlich.

---

[130] Vgl. Friestad/Wright (1994), S. 2.
[131] Vgl. Friestad/Wright (1994), S. 2.
[132] Vgl. Edwards et al. (2002), S. 85.
[133] Vgl. Friestad/Wright (1994), S. 3.
[134] Vgl. Edwards et al. (2002), S. 85.
[135] Vgl. McCoy et al. (2008), S. 676; Bailey et al. (2001), S. 5 ff.

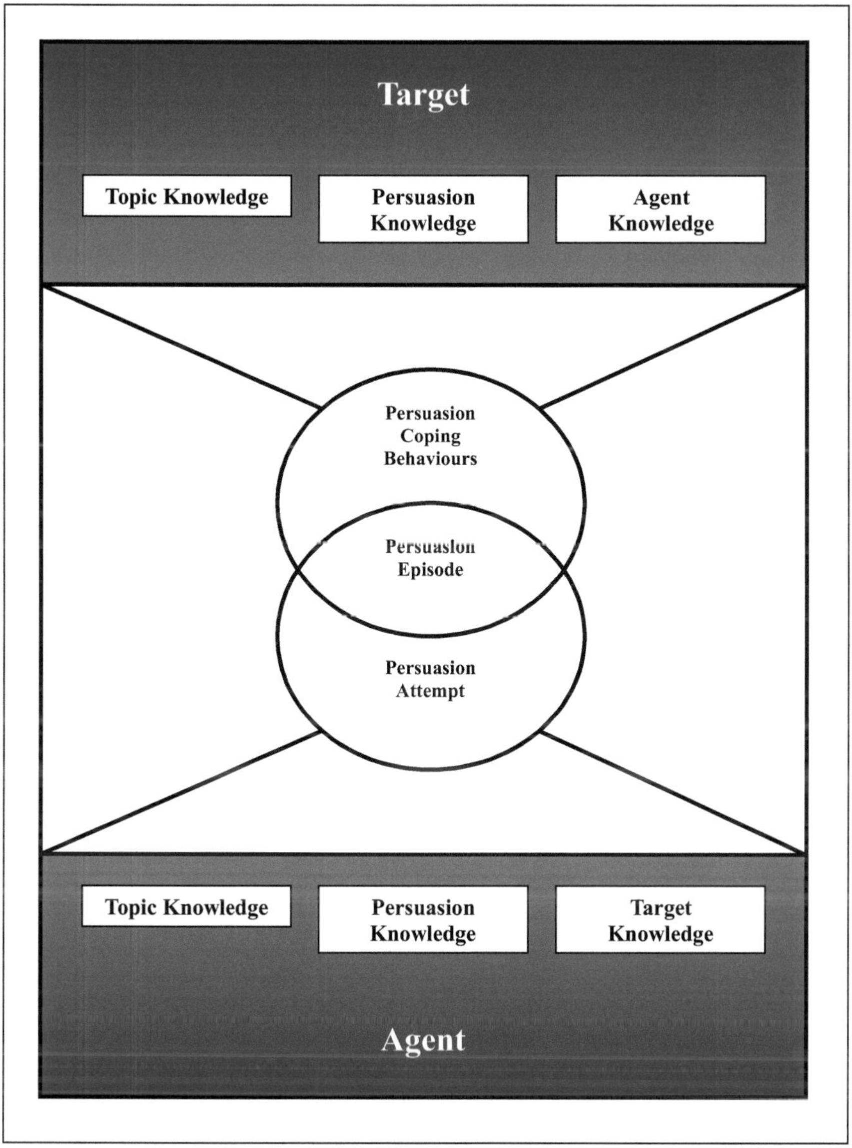

Abbildung 3: Das Persuasion Knowledge Modell[136]

[136] Quelle: Abbildung entnommen aus Friestad/Wright (1994), S. 2.

Das Persuasion Knowledge Modell bildet vor allem zur Erklärung des Reaktanz- und Vermeidungsverhaltens der Konsumenten hinsichtlich irritierender Werbebotschaften eine sinnvolle Ergänzung zur Theorie der kognitiven Dissonanz, da der Kontrollverlust auch als kognitive Dissonanz interpretiert werden kann. Sofern das Selbstbild des Konsumenten durch sein eigenes zum Selbstbild inkonsistenten Verhalten gefährdet wird, greift er auf seine erlernten Bewältigungsstrategien zurück, um wieder ein kognitives Gleichgewicht herzustellen. Dabei muss die Bewältigungsstrategie nicht zwangsläufig im Boykott oder der Vermeidung der Quelle der Beeinflussung gipfeln, sondern kann z.B. auch durch Umdeutung der eigenen Ziele liegen.[137] Wie der Konsument konkret auf die Werbemaßnahme reagiert, hängt von zahlreichen Faktoren ab. Neben der Wichtigkeit der eigenen Ziele hat auch die Wahrnehmung der Angemessenheit und Effektivität des Beeinflussungsversuchs einen Einfluss auf die Intensität der Reaktion.[138] *Edwards et al.* weisen darüber hinaus darauf hin, dass der Umstand, in welchem Maße der Konsument dazu gezwungen wird, sich der Werbebotschaft auszusetzen, durchaus Einfluss darauf hat, wie auf die Beeinflussungsversuche des Agenten reagiert wird. So könnte die fehlende Möglichkeit, die Werbemaßnahme zu umgehen, sogar zur Meidung des Unterhaltungsmediums führen.[139] Hiernach ist es denkbar, dass Spieler bestimmte Computer- und Videospiele meiden, falls diese zu exzessiv von der Möglichkeit des In-Game Advertisings Gebrauch machen, da der Spieler durch die Vermischung von Werbung und Unterhaltung nicht die Möglichkeit erhält die Werbebotschaft zu umgehen.

2.2.5 Die Einstellung zur Werbemaßnahme – Das Attitude-Toward-the-Ad-Modell

In den 80er Jahren identifizierten *Mitchell/Olson* sowie *Shimp* die „Einstellung zur Werbemaßnahme“ (engl. Attitude toward the Ad, A_{Ad}) als relevante Größe in der Werbeforschung.[140] Aufbauend auf ihrer Arbeit verwendeten *MacKenzie/Lutz/Belch* (1986) bzw. *MacKenzie/Lutz* (1989) dieses Konstrukt als zentrale Bestimmungsgröße in ihrem Attitude-Toward-the-Ad-Modell.[141] Dabei definieren sie A_{Ad} als „*...predisposition to respond in a favourable or unfavourable manner to a particular advertising stimulus during a*

[137] Vgl. Kapitel 2.2.3.
[138] Vgl. Friestad/Wright (1994), S. 6; Wei et al. (2008), S. 35.
[139] Vgl. Edwards et al. (2002), S. 85.
[140] Vgl. Mitchell/Olson (1981) zitiert aus Meeder (2007), S. 38 f.; Shimp (1981), S. 9 ff.; Muehling/McCann (1993), S. 25.
[141] Vgl. MacKenzie/Lutz (1989); MacKenzie et al. (1986).

particular exposure occasion...".[142] A_{Ad} steht somit für die Einstellung zur Werbemaßnahme zum Zeitpunkt des Kontaktes mit der Werbung. Damit wird der Situationsbezug von A_{Ad} offensichtlich. Unter Berücksichtigung diesen Modells aus der Werbewirkungsforschung ist davon auszugehen, dass Gefühle von Gefallen beziehungsweise Missfallen in Bezug auf die Werbung einen vermittelnden Einfluss auf Einstellung gegenüber der Marke ausübt. Das A_{Ad} – Modell unterscheidet mit der „Glaubwürdigkeit der Anzeige" und der „Wahrnehmung der Anzeige" zwei kognitive und mit der „Einstellung gegenüber dem Werbetreibenden", der „Einstellung gegenüber der Werbung" und der „Stimmung" drei affektive Komponenten als Bestimmungsvariablen von A_{Ad}.[143] Während A_{Ad} in Anlehnung an *Lutz* in der Regel eindimensional verstanden wird[144], gibt es auch Ansätze, die von der rein affektiven Darstellung von A_{Ad} abweichen und weiterhin eine kognitive Komponente unterstellen.[145] Forschung, die sich der Idee von einem mehrdimensionalen A_{Ad}-Konstrukt anschließt, basiert auf Feststellungen von *Shimp*, der in Anlehnung an die Zweikomponententheorie davon ausgeht, dass sowohl eine kognitive als auch eine emotionale Dimension von Relevanz sind.[146] Dieser Auffassung wird für die vorliegende Arbeit vor dem Hintergrund gefolgt, dass die Einstellung, wie in Kapitel 2.2.2 als Zweikomponenten-Modell zu verstehen ist. Mit Augenmerk auf die nachfolgende Abbildung wird deutlich, dass *MacKenzie/Lutz/Belch* in ihrem Ansatz Elemente des Elaboration-Likelihood Modells (ELM) von *Petty/Cacioppo*[147] berücksichtigen. Die kognitiven Komponenten des Attitude-Toward-the-Ad-Modells bilden die zentrale Route des ELMs ab, während die affektiven tendenziell eher der periphere Route zugeordnet werden können[148]. D.h. wenn das Individuum nicht motiviert oder in der Lage ist die Werbebotschaft genauer zu elaborieren, wird es sich eher affektiver Hinweisreize zur heuristischen Beurteilung der Werbebotschaft bedienen. Bei ausreichender Motivation und kognitiver Kapazität hingegen, wird es eher die zentrale Route wählen und die Werbebotschaft genau bewerten und schließlich anhand der Evaluation seine Einstellung formen.[149] In *Abbildung 4* sind die Komponenten des Attitude-Toward-the-Ad-Modells dargestellt.

[142] MacKenzie/Lutz (1989), S. 49; siehe auch MacKenzie et al. (1986), S. 130.
[143] Vgl. MacKenzie/Lutz (1989), S. 50.
[144] Vgl. Lutz (1985).
[145] Vgl. Muehling/McCann (1993), S. 26 f.; Edell/Burke (1987), S. 423 f.
[146] Vgl. Shimp (1981).
[147] Vgl. Petty/Cacioppo (1984).
[148] Vgl. Meeder (2007), S. 40 f.
[149] Vgl. Kroeber-Riel et al. (2009), S. 256 f.

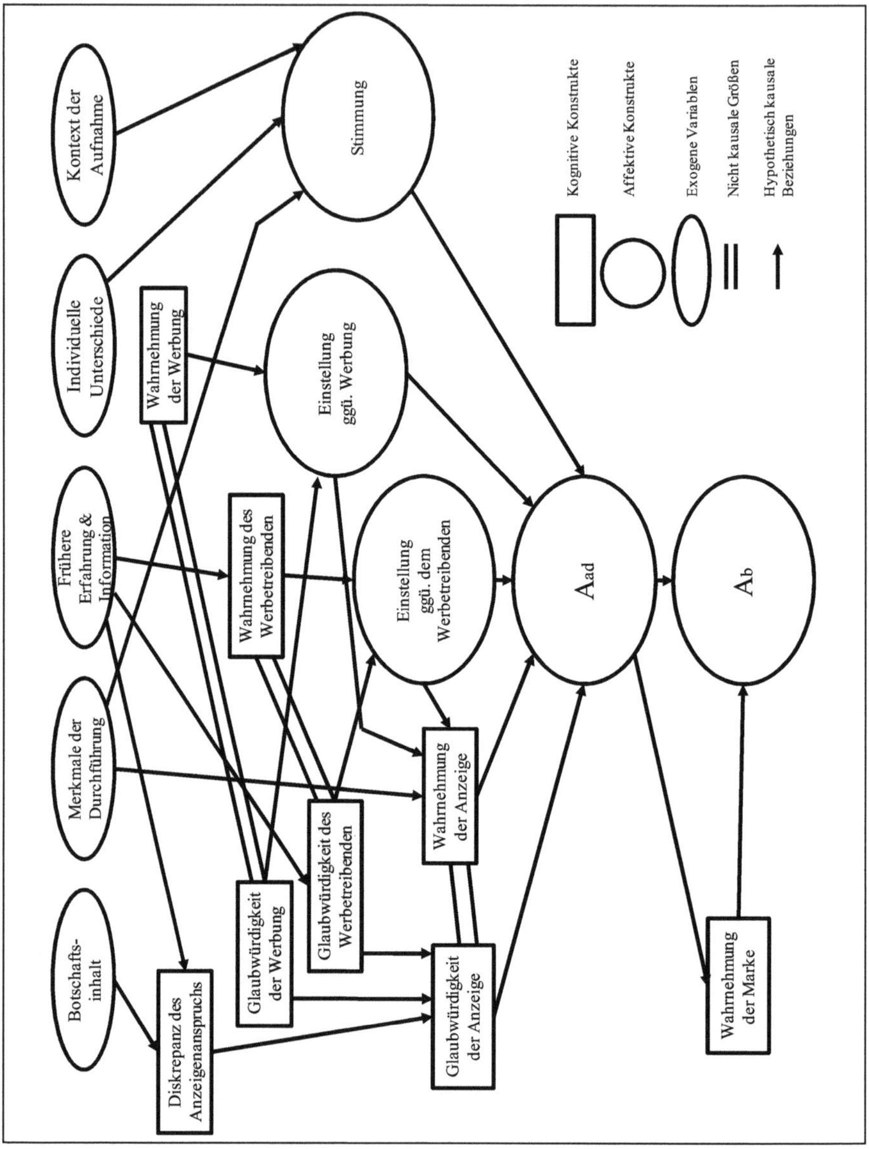

Abbildung 4: Das Attitude-toward-the-Ad-Modell[150]

[150] Abbildung in Anlehnung an MacKenzie et al. (1986), S. 53.

Grundsätzlich werden in Abhängigkeit des sogenannten Ad Execution Involvement, also der Bereitschaft, Kontextreize der Werbung zu beurteilen, und dem Ad Message Involvement, der Bereitschaft die Werbebotschaft zu evaluieren, vier Routen der Einstellungsbeeinflussung unterschieden.[151] Der Aufbau des ELM und die Routen der Einstellungsänderung lassen sich *Abbildung 5* sowie auch *Abbildung 6* entnehmen:

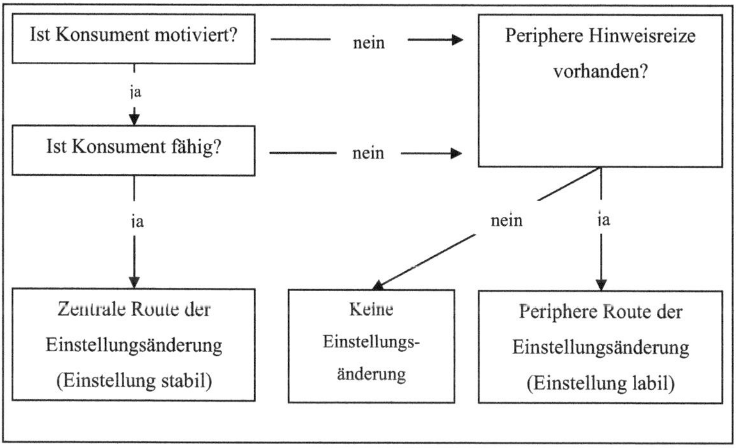

Abbildung 5: Das Elaboration Likelihood Modell[152]

Hiernach bildet das ELM folglich die gedankliche Verarbeitung im Rahmen einer Beeinflussungsituation ab und zeigt die Stabilität der Einstellungsänderung und damit die Schlüssigkeit der Verhaltenswirksamkeit als Resultat auf.[153] Konform zu dieser Annahme gehen *MacKenzie/Lutz* davon aus, dass die Glaubwürdigkeit einer Werbeanzeige bedeutend für die Bildung von Einstellung gegenüber der Werbemaßnahme oder beworbenen Marke ist, vor allem bei Aktivierung einer zentralen Verarbeitungsroute.[154] Weiter bilden die Autoren in dem Modell Bestimmungsgrößen der Einstellung zum Werbemittel und Beziehungen dieser zueinander ab. Berücksichtigung dabei finden auch Aspekte, die die Gestaltung des Werbmittels betreffen.[155]

[151] Vgl. MacKenzie/Lutz (1989), S. 52.
[152] Abbildung in Anlehnung an Meeder (2007), S. 37.
[153] Vgl. Petty/Casioppo (1981).
[154] Vgl. MacKenzie/Lutz (1989), S. 50.
[155] Vgl. MacKenzie/Lutz (1989), S. 51 f.

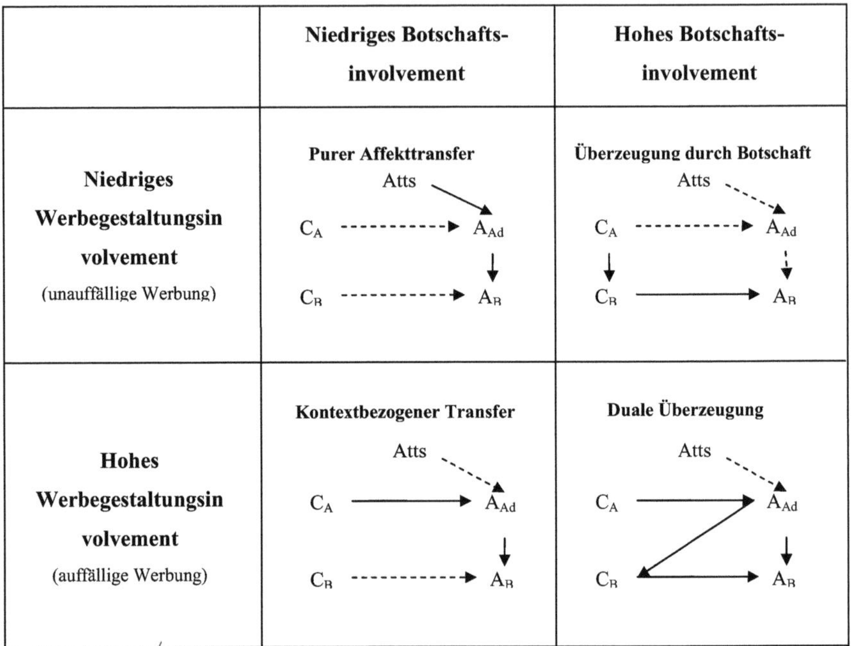

Legende

C_{Ad} = Kognitionen über Ad; C_B = Kognitionen über Marke; A_{Ad} = Einstellung zur Ad; A_B = Einstellung zur Marke; Atts = Einstellung zu Werbung (im Allgemeinen)/Werbetreibenden, Stimmung. Gestrichelte Pfeile zeigen Effekte nahe null an.

Abbildung 6: Routen der Einstellungsänderung durch Werbung[156]

2.3 Beeinflussung der Markenwahrnehmung

2.3.1 Dimensionen des Markenimages – Die User und Usage Imagery

Ein wichtiger Ausgangspunkt dieser Arbeit geht auf das persönlichkeitsbezogene Markenkonzept zurück, demzufolge Marken genauso wie Menschen eine Persönlichkeit besitzen.[157] Die Literatur unterscheidet nicht immer eindeutig zwischen der Markenpersönlichkeit und dem Markenimage. Obwohl eine inhaltliche Abgrenzung durchaus sinnvoll ist, werden beide Begriffe häufig synonym verwendet.[158] Sowohl *Aaker* als auch

[156] Vgl. MacKenzie/Lutz (1989), S. 52.
[157] Vgl. Kellner (1994), S. 620 zitiert aus: Herrmann et al. (1999), S. 184.
[158] Vgl. Biel (1993); Mäder (2005).

Keller beleuchten in ihren Arbeiten lediglich die nicht-produktbezogenen Aspekte des Markenimages. Während *Aaker* den Begriff „brand personality“ verwendet, greift *Keller* auf den Begriff „brand image“ zurück.[159] Die Ähnlichkeit der beiden Konstrukte ist durch das multidimensionale Verständnis und ein ähnliches Abstraktionslevel zurückzuführen.[160] Es kann jedoch festgehalten werden, dass das Markenimage als übergeordneter Begriff zu verstehen ist, da er prinzipiell sowohl produktbezogene als auch nicht-produktbezogene Attribute umfasst, während die Markenpersönlichkeit lediglich nicht-produktbezogene Attribute beleuchtet.[161]

Das Konstrukt der Markenpersönlichkeit als Bestandteil des Markenimages definiert *Aaker* als „*...the set of human characteristics associated with a brand*“.[162] Keller definiert das Markenimage als „*...perceptions about a brand as reflected by the brand associations held in consumer memory*“, womit die Wahrnehmung der Marke aus der Sichtweise der assoziativen Netzwerkmodelle dargestellt wird.[163] Basierend auf der Idee des Assoziationismus wird davon ausgegangen, dass Assoziationen zwischen Wissenseinheiten gebildet werden. Durch das Hinzufügen neuer Wissenselemente (Bildung von Assoziationen zwischen Elementen) werden schließlich kognitive Strukturen geformt.[164] *Bower* geht weiter, indem er postuliert, dass Kognitionen und Emotionen in einem Netzwerk vollständig miteinander verbunden sind.[165] Die dem Netzwerk zugrundeliegenden Assoziationen dienen zum Transfer von Imageaspekten bspw. vom Spiel zur Marke oder auch umgekehrt.[166] Wird eine konsumentenbezogene Sichtweise angestellt, so ist davon auszugehen, dass Marken neben einer utilitaristischen Nutzendimension auch eine symbolische Funktion zugesprochen wird.[167] Dabei konstituiert sich der Nutzen einer Marke aus den Funktionen, die eine starke Marke im Kaufentscheidungs- und Produktauswahlprozess erfüllt.[168] Wird ein wirkungsorientierter Ansatz unterstellt, finden auch Wirkungen, die beim Verbraucher ausgelöste werden, Berücksichtigung in der Begriffsdefinition. Hiernach muss der Nutzen

---

[159] Vgl. Aaker (1997), S. 347; Keller (1993), S. 7.
[160] Vgl. Dobni/Zinkhan (1990).
[161] Vgl. Aaker (1997), S. 347; Keller (1993), S. 7.
[162] Aaker (1997), S. 347.
[163] Keller (1993), S. 3.
[164] Vgl. Tergan (1984), S. 37 f.
[165] Vgl. Bower (1981); Bower (1991); Forgas (1999), S. 593.
[166] Vgl. Gwinner/Eaton (1999), S. 47.
[167] Vgl. Keller (1993), S. 4.
[168] Vgl. Hammerschmidt et al. (2006), S. 116.

einer Marke vorrangig anhand psychografischer Größen erfasst werden.[169] Werbetreibende sind sich der symbolischen Imagewirkung einer Marke durchaus bewusst und nutzen dies, indem sie versuchen Verbindungen zwischen Marke und angestrebten Imagedimensionen herzustellen. Wie zu Beginn des Kapitels ausgeführt, kommt persönlichkeitsorientierten Assoziationen eine herausragende Bedeutung zu. Möglichkeiten, eine Verbindung zwischen Persönlichkeitsfacetten und Markenimage herzustellen, finden sich zum einen in der Anthropomorphisierung der Markenprodukte, also der Präsentation der Produkte mit menschlichen Gesichtszügen und Erscheinungsformen (M&M's), in der Personifikation der Marke, z.B. durch ein Werbemaskottchen (z.B. der Spee-Fuchs als „Sparfuchs"), oder aber in der, für die weitere Arbeit interessanteste Form, Gestaltung eines Nutzerbilds (z.B. der Marlboro Man), also der werblichen Darstellung des typischen Nutzers der Marke (engl. „user imagery").[170] Die mit einer Marke assoziierte Persönlichkeit sowie ihre Merkmale dienen dem Konsumenten zur Beurteilung, inwiefern eine Marke zum idealen[171] oder tatsächlichen[172] Selbstbild passend wahrgenommen wird. Somit erfüllt die Persönlichkeits- oder Imagewahrnehmung einer Marke eher eine symbolische Funktion der Selbstdarstellung für den Konsumenten. Diese Definition steht damit im Gegensatz zu den produktbezogenen, utilitaristischen Attributen, die eine eher nutzenbezogene Funktion erfüllen.[173]

Die Wahrnehmung des Markenimages wird durch jegliche Form von Kontakt, die der Konsument mit der Marke hat, sei es durch direkten oder indirekten Kontakt, beeinflusst.[174] Der direkte Kontakt beschreibt dabei die eigenen Erfahrungen, die der Konsument mit der Marke sowie deren Nutzern macht. Mit Augenmerk auf das auf diesem Weg generierte Image einer Marke, wird davon ausgegangen, dass sowohl Charaktereigenschaften, die der Konsument mit einem typischen Nutzer der Marke verbindet;[175] als auch Charaktereigenschaften von Mitarbeitern des Markenunternehmens für die Imagebildung verantwortlich sind.[176] Der indirekte Kontakt dagegen wird durch die Darstellung der Marke in der Werbung oder anderen Quellen wie z.B. Berichten von Dritten forciert.[177] Hierbei

---

[169] Vgl. Berekoven (1978), S. 43.
[170] Vgl. Aaker (1997), S. 348.
[171] Für weiterführende Recherche vgl. Malhotra (1988a), S. 22.
[172] Für weiterführende Recherche vgl. Belk (1988), S. 152 f.
[173] Vgl. Keller (1993), S. 4 f.
[174] Vgl. Plummer (1985) zitiert aus Aaker (1997), S. 348.
[175] Vgl. Aaker (1997), S. 348.
[176] Vgl. McCracken (1989), S. 315 f.
[177] Vgl. Keller (1993), S. 4.

spielen berühmte Persönlichkeiten, die das Produkt bewerben oder nutzen für die Wahrnehmung eine zentrale Rolle.[178]

Levy betont darüber hinaus, dass bei der Wahrnehmung eines Markenimages auch demographische Eigenschaften, wie z.B. Geschlecht und Alter, zur Kategorisierung herangezogen werden.[179] Aus dem Image von Markennutzern abgeleitet, führt es dazu, dass eine Marke z.B. tendenziell maskulin oder feminin, jung oder alt wahrgenommen wird.[180] Neben dem Image des typischen Kunden bestimmt darüber hinaus auch die Vorstellung über die typische Nutzungssituation (engl. „usage imagery“) die Wahrnehmung des Markenimages.[181] Das Bild, das der Konsument von der konkreten Nutzungssituation hat, kann ebenfalls direkt oder indirekt geformt werden. Typische Assoziationen zur Nutzungssituation können dabei z.B. auf dem Ort der Nutzung, der Jahreszeit der Nutzung, aber auch der Art der Aktivität basieren.[182] In diesem Zusammenhang sind allerdings einige begriffliche Abgrenzungen zu treffen, die für das weitere Verständnis des Buches dienlich sind.

In der wissenschaftlichen Literatur werden die Begrifflichkeiten der Einstellung und des Images aufgrund ihrer inhaltlichen Überschneidungen häufig synonym verwendet.[183] Das Verständnis der vorliegenden Arbeit differenziert jedoch zwischen Einstellungen und Image.[184] Hiernach wird für die vorliegende Untersuchung der in der Marketingliteratur weit verbreiteten Annahme gefolgt, wonach das Image als mehrdimensionales Einstellungskonstrukt verstanden wird und das differenzierte sowie ganzheitliche Bild eines Einstellungsobjektes darstellt.[185] Sie bestehen folglich aus mehr oder weniger positiven oder negativen visuellen Eindrücken, die zu einem ganzheitlichen Bild zusammengefasst werden.[186] Dabei umfassen sieinnere Bilder eines Sachverhalts, einer Person oder

---

178 Vgl. McCracken (1989), S. 315 f.
179 Vgl. Levy (1959), S. 12.
180 Vgl. Aaker (1997), S. 348; Keller (1993), S. 4.
181 Vgl. Gwinner/Eaton (1999), S. 50; Keller (1993), S. 4.
182 Vgl. Keller (1993), S. 4.
183 Vgl. Kroeber-Riel et al. (2009), S. 211.
184 Vgl. Germelmann/Gröppel-Klein (2004), S. 113.
185 Vgl. Trommsdorff (1993), S. 147 ff.
186 Vgl. Trommsdorff (2009), S. 155.

Personengruppe, oder aber auch einer Marke (Imagery).[187]Sie können zwar verbalisiert sein, sind aber i.d.R. gefühlsmäßig oder visuell kodiert.[188]

2.3.2 Flow und Telepräsenz

In der Literatur zum Thema In-Game Advertising haben sich vor allem die Konstrukte Flow und Telepräsenz zur Beschreibung der subjektiven Erfahrung des Spielers hervorgetan.[189] Der Flow-Zustand wird am besten als Selbstreflektion-freies Eintauchen in eine andauernde Aktivität beschrieben, die man trotz hoher Anforderungen unter Kontrolle behalten kann, da die eigenen Fähigkeiten zur Bewältigung gerade ausreichend sind.[190] Der Flow wird weiter als hochgradig positive Erfahrung dargestellt, welche dazu in der Lage ist, intrinsischen Wert in Form von Eskapismus und Spaß zu vermitteln.[191] *Novak/Hoffman* entwickeln darauf aufbauend ihr konzeptionelles Flow-Modell, das speziell auf die Mensch-Computer-Interaktion ausgerichtet ist.[192] Die Autoren stellen das Flow-Konzept als eine Kombination aus hohen Anforderungen, ausreichenden Fähigkeiten, fokussierter Aufmerksamkeit und Telepräsenz dar.[193]

Steuer definiert Telepräsenz als das Ausmaß, mit dem man sich in einer, durch ein Medium vermittelten, virtuellen Umwelt eher präsent fühlt als in der unmittelbaren, physischen Umwelt.[194] Bei der durch ein Medium vermittelten Realität kann es sich um eine real existente, dafür räumlich und/oder zeitlich entfernte Umwelt, oder aber um eine animierte, nicht existente, virtuelle Umwelt handeln.[195] Letztere beschreibt die virtuelle Umwelt wie sie z.B. durch Computer- und Videospiele geschaffen und dem Spieler vermittelt wird.[196] Telepräsenz wurde typischerweise als eine psychologische Reaktion auf die Interaktivität eines Mediums und als erklärende Variable der Werbeeffektivität sowie des Involvements, insbesondere von Webseiten, verwendet.[197] Zur Beurteilung vermittelter, virtueller Realitäten

---

[187] Vgl. Kroeber-Riel et al. (2009), S. 396 f.; Steffenhagen (2004), S. 82.
[188] Vgl. Trommsdorff (2009), S. 155.
[189] Vgl. Mau et al. (2008), S. 829.
[190] Vgl. Mau et al. (2008), S. 829.
[191] Vgl. Mathwick/Rigdon (2004), S. 324; Novak et al. (2000), S. 30.
[192] Vgl. Novak/Hoffman (1997) zitiert aus Schneider/Cornwell (2005), S. 326; Novak et al. (2000), S. 26.
[193] Vgl. Schneider/Cornwell (2005), S. 326.
[194] Vgl. Steuer (1992), S. 76.
[195] Vgl. Steuer (1992), S. 76.
[196] Vgl. Steuer (1992), S. 76.
[197] Vgl. Nelson et al. (2004), S. 88; Steuer (1992), S. 79 f.

dienen stets eigene, aus der realen Umwelt stammende, Erfahrungen.[198] Entsprechend wirken solche virtuellen Darstellungen realistischer und damit geeigneter zur Vermittlung von Telepräsenz, denen die gleichen Wahrnehmungs- und Wirkungsmechanismen wie der Realität zugrundeliegen, da sich individuelle Wahrnehmung immer auf Basis von Realitätswahrnehmungen beziehen.[199] Zusammenfassend unterscheidet *Steuer* mit der Lebhaftigkeit(engl. „vividness“) einer virtuellen Umwelt und der Möglichkeit des Individuums, autonom mit selbiger zu interagieren (engl. „autonomy“), die zwei Hauptdimensionen des Telepräsenzzustands.[200] Beide Dimensionen werden durch die technischen Möglichkeiten und die Gestaltung eines Computerspiels maßgeblich vorgegeben.[201]

Da Computerspiele vornehmlich dem Unterhaltungszweck dienlich sind, welche häufig mit positiven Gefühlen einhergehen, wird der Telepräsenzzustand ebenfalls als stark positives Gefühlwahrgenommen.[202] Somit erfüllt der Telepräsenzzustand die Anforderung an eine erfolgreiche emotionale Konditionierung, da er als stoßkräftiger emotionaler Reiz dazu in der Lage ist, positive Emotionen beim Konsumenten auszulösen. Diese kann bei wiederholt gemeinsamer Präsentation mit der Marke bzw. der Werbemaßnahme zu einer Konditionierung der Einstellung gegenüber selbiger führen.[203] Die Annahme wird durch die Ergebnisse einer Reihe von Studien gestützt, die zeigen konnten, dass Telepräsenz als Aspekt des Flow-Konzepts durchaus Einfluss auf die Wahrnehmung von In-Game Werbemaßnahmen nimmt.[204]

[198] Vgl. Steuer (1992), S. 79 f.
[199] Vgl. Steuer (1992), S. 80.
[200] Vgl. Steuer (1992), S. 80.
[201] Vgl. Grigorovici/Constantin (2004), S. 22.
[202] Vgl. Nicovich (2005), S. 40; Li et al. (2002), S. 44; Novak et al. (2000), S. 30.
[203] Vgl. Molesworth (2006), S. 357 f.
[204] Vgl. hierzu Rheinberg et al. (2003); Grigorovici/Constantin (2004); Nelson et al. (2006).

3 Konzeptualisierung eines Untersuchungsmodells zur Wirkung von In-Game Advertising auf die Konsumenteneinstellung

3.1 Dimensionen und Wirkungsmechanismen des Fits zwischen Spiel und Marke

3.1.1 Herleitung der Fit-Dimensionen aus der wissenschaftlichen Literatur

Trotz der thematischen Nähe von In-Game Advertising zu Sponsoring und Product Placement, wurden verschiedene Kongruenzdimensionen, die in den genannten Forschungsfeldern größere Aufmerksamkeit erfahren haben,[205] im Rahmen von In-Game Advertising bisher wenig untersucht.[206] *Lee/Faber* untersuchten u.a. den Einfluss der Fit-Dimensionen „functional congruity", „image congruity", „lifestyle congruity" sowie „advertising congruity" auf die Markenerinnerung.[207] *Gross* erweiterte die Studie von *Lee/Faber* in dem sie auch Effekte auf die Markeneinstellung betrachtete.[208] Als Untersuchungsobjekt dienten hier jedoch Advergames.[209] Mit *Lewis/Porter* existiert eine weitere Studie, die sich mit dem Einfluss von Schemakongruenz im Rahmen von IGA auseinandersetzt, allerdings differenzieren die Autoren nicht explizit zwischen den verschiedenen Kongruenzdimensionen, die zwischen einer Marke und einem Spiel entstehen können.[210]

In Anlehnung an die Studie von *Johar/Pham* zum Event-Sponsoring wird davon ausgegangen, dass sich Spieler bei der Beurteilung des Fits an einer heuristischen Beurteilung der semantischen Überschneidung zwischen den Spieleigenschaften sowie den Merkmalen einer potentiellen Marke orientieren.[211] Je stärker diese Überschneidung der jeweiligen Schemata, desto wahrscheinlicher ist es, dass eine Beziehung zwischen dem Spiel und der Marke hergestellt bzw. im Rahmen der Arbeit von *Johar/Pham,* erinnert werden kann.[212] Um die angestrebte Differenzierung der Fit-Dimensionen des vorliegenden Buches zu erreichen, wird analog zu *Lee/Faber* zwischen dem „funktionellen Fit" (functional fit), dem „Werbeerwartungs-Fit" (advertising fit) sowie dem „Image-Fit" unterschieden.[213] Aufgrund

---

[205] Vgl. Gwinner/Eaton (1999); Moorman et al. (2002); Kamins et al. (1991); Russel (2002).
[206] Vgl. Lee/Faber (2007), S. 76.
[207] Vgl. Lee/Faber (2007), S. 79.
[208] Vgl. Gross (2010), S. 3.
[209] Vgl. Gross (2010), S. 1; Winkler/Buckner (2006), S. 37.
[210] Vgl. Lewis/Porter (2010).
[211] Vgl. Johar/Pham (1999), S. 300.
[212] Vgl. Johar/Pham (1999), S. 300.
[213] Vgl. Lee/Faber (2007), S. 79.

der schwierigen Abgrenzung des Lifestyles vom inneren Bild, das Spieler vom typischen Nutzer einer Marke haben (user imagery)[214] und damit auch einer inhaltlichen Überschneidung mit dem Image, wurde hier auf die Berücksichtigung des "Lifestyle-Fits" verzichtet.[215] Vielmehr wird davon ausgegangen, dass der mit einer Personengruppe assoziierte Lifestyle ebenfalls zu den schematischen Assoziationen der User Imagery und damit dem Image gehört.

3.1.2 Wirkung der Fit-Dimensionen bei kongruenter In-Game Werbung

Wie bereits in Kapitel 2.2.1 beschrieben, beeinflussen Schemata die Verarbeitung kognitiver Prozesse wie z.B. der Wahrnehmung.[216] Außerdem bilden sie die Grundlage für die an einen Stimulus gestellten Erwartungen. Dabei bevorzugen Konsumenten Informationen, die mit ihren bestehenden Schemata kongruent sind bzw. solche, die ihren Erwartungen entsprechen.[217] Je mehr eine In-Game Werbemaßnahme also den Erwartungen der Spieler entspricht[218], also einen Fit zwischen den relevanten Schemata und der neuartigen Information in Form der Werbemaßnahme herstellt, desto authentischer wird die Werbemaßnahme wahrgenommen. Einige Studien stützen diese These insofern, als dass In-Game Werbemaßnahmen dazu geeignet sind, die Wahrnehmung von Realismus im Rahmen eines digitalen Spiels zu steigern.[219] Dies ist damit zu begründen, dass das Individuum Schemata durch Beobachtungen und Erfahrungen in der realen Welt erwirbt. Bei Schemakongruenz können diese entsprechend ungehindert auf den virtuellen Spielinhalt angewendet werden, womit dieser realistischer erscheint.[220] Ein Blick in die Literatur zum Thema Telepräsenz zeigt darüber hinaus, dass interaktive, virtuelle Unterhaltungsmedien wie Videospiele, die durch die gleichzeitige Ansprache mehrerer Sinne ein hohes Maß an Realismus generieren, das Eintreten des Telepräsenzzustandes begünstigen.[221]

Unter Berücksichtigung der immensen Aufwendungen zur Konzeption von Spielen[222] sowie der zunehmenden Beliebtheit von Videospielen, kann davon ausgegangen werden, dass einige

[214] Vgl. Aaker (1997), S. 348; Keller (1993), S. 4.
[215] Vgl. Kroeber-Riel et al. (2009), S. 585.
[216] Vgl. Trommsdorff (2009), S. 82; Lewis/Porter (2010), S. 48.
[217] Vgl. Meyers-Levy/Tybout (1986), S.40.
[218] Vgl. Nelson (2002), S. 86; Nelson et al. (2004), S. 9; Yang et al.(2006), S. 144; Lewis/Porter (2010), S. 47.
[219] Vgl. Nelson (2002), S. 86; Pennington (2001), S. 41; Nelson et al. (2004), S. 9.
[220] Vgl. Steuer (1992), S. 80.
[221] Vgl. Nicovich (2005), S. 39.
[222] Vgl. Pcgames (o.J.a).

etablierte Spiele(-serien) in den Köpfen der Konsumenten als eigenständige Marke wahrgenommen werden[223] und entsprechend ein eigenständiges Markenimage, also auch eine User bzw. Usage Imagery, aufbauen, welche weiterhin als Grundlage der Kongruenzbeurteilung dient. In Anlehnung an *Gwinner/Eaton* lässt sich festhalten, dass ein **funktioneller Fit** auftritt, wenn das platzierte bzw. beworbene Markenprodukt tatsächlich von denen im Spiel dargestellten Beteiligten typischerweise genutzt wird und damit einen festen Bestandteil des Spielinhalts repräsentiert.[224] Der Konsument besitzt Annahmen bzw. Wissen darüber, welche Funktionalität ein bestimmtes Produkt erfüllt und setzt dieses Wissen in der Realität zielorientiert zur Befriedigung seiner utilitaristischen Konsumbedürfnisse ein.[225] Dieses Wissen über Produktfunktionen ist Bestandteil des Produktschemas und leitet sich z.B. aus Erfahrungen mit dem konkreten Produkt oder der übergeordneten Produktkategorie ab.[226] Somit entwickeln Spieler für die ihnen bekannten Produkte Annahmen darüber, in welchem Zusammenhang ein Produkt typischerweise genutzt wird (Usage Imagery) und welche Funktion es dort erfüllt.

Videospiele stellen meist verschiedene Tätigkeitsbereiche wie z.B. „Fußball spielen" oder „Rennsport" dar. Über solche Tätigkeiten haben Konsumenten, bei entsprechendem Kenntnisstand, ebenfalls Wissen in schematischer Form gespeichert, z.B. über Abläufe, verwendete Produkte und deren Funktionen. Platziert nun ein Sportartikelhersteller wie Adidas z.B. einen Fußball in einem digitalen Fußballspiel, entspricht diese Information den Erwartungen der Spieler, da ein Adidas-Fußball im dargestellten Zusammenhang typischerweise eine Funktion erfüllt und somit schemakongruent ist. Die Werbemaßnahme erscheint angemessen, da den Erwartungen des Spielers entsprochen wurde, was den Eintritt des Telepräsenzzustandes begünstigt, da das Spiel realistischer erscheint. Aus diesen Überlegungen ergibt sich folgende Hypothese:

H_{1a}:	Je höher der funktionelle Fit, desto größer ist die vom Spieler wahrgenommene Telepräsenz.

[223] Vgl. Huber et al. (2009), S. 38 f.
[224] Vgl. Gwinner/Eaton (1999), S. 49.
[225] Vgl. Batra/Ahtola (1991), S. 159; Trommsdorff (2009), S. 92.
[226] Vgl. Gwinner/Eaton (1999), S. 47 f.; Esch (2006), S. 88.

Im Folgenden interessiert der **Image-Fit**, der im Gegensatz zum funktionellen Fit weniger auf die utilitaristische Funktion einer Marke bzw. eines Markenproduktes abzielt, sondern vielmehr die symbolische Funktion der Marke adressiert.[227] Übertragen auf In-Game Advertising steht der Begriff im Folgenden für die Übereinstimmung zwischen dem Image einer Marke und dem Image, welches durch die mit dem Spiel verbundenen Assoziationen transportiert wird.[228] Diese Assoziationen können z.B. durch die Hauptcharaktere des Spiels (Aussehen, Charaktereigenschaften etc.),[229] die transportierten Emotionen (Angst, Freude, Spannung, etc.),[230] aber auch durch das Setting oder die dargestellte Handlung aktiviert werden.[231] Zur Unterstützung dieser Annahme dient das Beispiel *Lara Croft*, die in den letzten Jahren zur wahrscheinlich bekanntesten Spielfigur avanciert ist und nicht zuletzt aufgrund der Verfilmung der Spiele weltweiten Ruhm erlangen konnte.[232] Mit *Lara Croft* als Protagonistin werden mit dem Spiel eindeutige Assoziationen wie Gefahr, Abenteuer, aber auch Erotik und Emanzipation in Verbindung gebracht.[233] Es erscheint daher gerechtfertigt anzunehmen, dass das Image des Spiels durch die dargestellten Charaktere sowie deren Charakterzüge, aber auch durch mit dem Inhalt des Spiels in Verbindung gebrachte Assoziationen, beeinflusst wird. So beschreiben *Nelson et al.* die von den Spielern aufgrund der klaren Beziehung zwischen dem Energy-Drink und dem „high energy game" positiv wahrgenommene Platzierung von „*RedBull*" im Spiel „*Wipeout XL*".[234] Ferner betonen Probanden in Befragungen zum Thema Product Placement und In-Game Advertising häufig, dass ihnen der Gebrauch von Markenprodukten in Filmen und Spielen bei der Identifikation von Charaktereigenschaften hilft.[235] Die Spieler verwenden also das Markenimage, insbesondere das Image eines typischen Nutzers einer Marke (User Imagery), um so heuristisch auf Charaktereigenschaften zu schließen.[236] Das bedeutet, dass Marken so auch eine Entlastungsfunktion für den Konsumenten erfüllen.[237] Dazu ergänzend sei angeführt,

[227] Vgl. Orth/DeMarchi (2007), S. 219 f.
[228] Vgl. Gwinner/Eaton (1999), S. 49.
[229] Vgl. McCracken (1989), S. 315 f.
[230] Vgl. Kamins et al.(1991), S. 9 ff.
[231] Vgl. Smith (2004), S. 461 ff.
[232] Vgl. Deuber-Mankowsky (2001), S. 11.
[233] Vgl. Deuber-Mankowsky (2001), S. 14 f.
[234] Vgl. Nelson et al. (2004), S. 11.
[235] Vgl. Nelson (2002), S. 80.
[236] Vgl. McCracken (1989), S. 314.
[237] Vgl. Kroeber-Riel/Weinberg, S. 284 ff.

dass *d'Astous/Chartier* belegen, dass die Einstellungen gegenüber Product Placements in Filmen signifikant besser ausfällt, sobald der Hauptdarsteller des Films anwesend ist.[238]

Aufgrund des hohen Involvements der Spieler mit der Handlung des Spiels, aber auch den Spielcharakteren,[239] werden Product- bzw. Brand Placements, welche die gleichen Imagedimensionen wie das Spiel bzw. dessen Charaktere transportieren, vom Spieler positiver wahrgenommen, da somit die Verarbeitung durch Heuristiken erleichtert wird und eindeutige Charaktereigenschaften leichter zugeordnet werden können bzw. Bestätigung erfahren, wodurch die Glaubwürdigkeit der Markennutzung durch die Spielcharaktere und damit der Realismus des Spiels sowie letztendlich die Telepräsenz positiv beeinflusst werden. Bilden also z.B. Charaktereigenschaften und Aussehen der dargestellten Spielcharaktere mit der User Imagery der verwendeten Marken einen Fit, so erscheint die Nutzung des Produktes glaubwürdiger, da den Erwartungen der Spieler entsprochen wird. In einigen Spielen sind die dargestellten Hauptcharaktere sogar real existierende Prominente. Daher liegt die Annahme nahe, dass gleiche Wirkungsmechanismen wie beim Celebrity Endorsement auftreten.[240] *McCracken* beschreibt in seiner Arbeit „Who Is the Celebrity Endorser – Cultural Foundations of the Endorsement Process" genau, wie es zu einem Bedeutungstransfer vom prominenten Endorser auf die Marke und umgekehrt kommt.[241] Der Profiskateboarder *Tony Hawk* gab z.B. nicht nur seinen Namen für das 1999 erschienene Skateboard-Spiel, sondern war sogar als Spielfigur auswählbar und Skateboards seiner eigenen Marke „Birdhouse" waren im Laufe des Spiels freischaltbar. Die Spielserie war ein großer Erfolg und umfasst inzwischen dreizehn Titel,[242] was wahrscheinlich nicht zuletzt auf den Imagetransfer zwischen dem Prominenten bzw. den platzierten Marken und dem Spiel zurückzuführen ist. Liegt also ein Fit der Images vor, werden die Wissensstrukturen des Spielers bekräftigt, was zu positiven Affekten führt.[243] Zusammenfassend sei deshalb folgende Hypothese postuliert:

H_{2a}:	Je höher der Image-Fit, desto größer ist die vom Spieler wahrgenommene Telepräsenz.

[238] Vgl. d'Astous/Chartier (2000), S. 38.
[239] Vgl. Kim et al. (2008), S. 45; Glass (2007), S. 25.
[240] Vgl. Avery/Ferraro (2000), zitiert aus Yang et al. (2006), S. 144; Nelson (2002), S. 83.
[241] Vgl. McCracken (1989), S. 314 f.
[242] Vgl. Activision Blizzard Deutschland GmbH (o.J.).
[243] Vgl. Meyers-Levy/Tybout (1989), S. 40.

Die Definition des **Werbeerwartungsfits** geht auf *Lee/Faber* zurück, die annehmen, dass ein Fit auftritt, wenn die Produktkategorie der Marke für eine Werbeplatzierung im Kontext des Spiels geeignet erscheint.[244] Wie bereits zu Beginn beschrieben, zeichnet sich ein gutes Product Placement dadurch aus, dass es vom Konsumenten gar nicht erst als Werbeplatzierung identifiziert wird[245] bzw. die Differenzierung zwischen Werbung und Unterhaltungsmedium nicht möglich ist.[246] Diese Aussage nimmt im Zusammenhang der Gestaltung von Computerspielen eine wichtige Rolle ein, da sie oft der Realität nachempfunden sind. Um diese „Illusion" nicht zu zerstören, muss auch im Spiel platzierte Werbung in einer realistischen Art und Weise dargestellt werden bzw. die Anwesenheit der Werbeplatzierung plausibel erscheinen.[247]

Aufgrund der integrierten Kommunikation vor allem starker Marken wie z.B. Marlboro, haben die Konsumenten Markenschemata aufgebaut, die es ermöglichen, selbst ohne die explizite Präsentation des Markenzeichens, aufgrund von Kontextinformationen auf die zugehörige Marke zu schließen. So reicht die Darstellung der typischen Cowboy-Szenerie von Marlboro aus, dass Konsumenten Marlboro als Werbetreibenden identifizieren können.[248]

Dass Spieler diese Werbeschemata auch in digitalen Spielen zur Anwendung bringen, wird u.a. durch die Studie von *Schneider/Cornwell* offensichtlich. Probanden nahmen in dem Rennspielszenario eine, die Rennstrecke überspannende, Bridgestone Werbung wahr, obwohl dort keinerlei Werbung platziert war.[249] Dieses Phänomen ist darauf zurückzuführen, dass die Spieler ihr Wissen über die Werbepraktiken von Reifenherstellern in der Realität auf das Spiel übertragen. D.h. durch die Aktivierung des Schemas werden auch damit in Verbindung stehende Assoziationen wie bspw. der Markenname des Reifenherstellers aktiviert, was dazu führt, dass die Wahrnehmung des Konsumenten verzerrt wird.[250]

[244] Vgl. Lee/Faber (2007), S. 79.
[245] Vgl. Wei et al. (2008), S. 34; Russel (2002), S. 307.
[246] Vgl. d'Astous/Chartier (2000), S. 34.
[247] Vgl. Glass (2007), S. 25; Lewis/Porter (2010), S. 48.
[248] Vgl. Esch (2006), S. 111.
[249] Vgl. Schneider/Cornwell (2005), S. 334.
[250] Vgl. Kroeber-Riel et al. (2009), S. 282 f.

Eine kongruente Werbeplatzierung entspricht hinsichtlich der Gestaltung und Dominanz (z.B. Bandenwerbung oder Trikot-Sponsor, Größe, Farbe, etc.)[251], sowie der antizipierten Werbestrategie (z.B. Reifenwerbung im Rennsport, Bierwerbung beim Fußball, Verwendung zielgruppenspezifischer Kommunikation)[252] den Erwartungen des Spielers und wird somit realistischer wahrgenommen.[253] Ein hoher Werbeerwartungsfit senkt die Gefahr, dass Spieler die Produktplatzierung bzw. die In-Game Werbemaßnahme als kommerziellen Beeinflussungsversuch erkennen, da sie als Bestandteil des Spiels den Realismus fördern und somit weniger aufmerksamkeitserregend sind bzw. als kommerzielle Beeinflussung gesehen werden.[254] Da Realismus das Eintreten von Telepräsenzfördert, soll folgende Hypothese eine Überprüfung erfahren:

H_{3a}:	Je höher der Werbeerwartungsfit, desto größer ist die vom Spieler wahrgenommene Telepräsenz.

3.1.3 Wirkung der Fit-Dimensionen bei inkongruenter In-Game Werbung

Wie bereits beschrieben bevorzugen Konsumenten Informationen, die mit ihren etablierten Schemata übereinstimmen. Inkongruente Informationen dagegen ziehen die Aufmerksamkeit des Konsumenten auf sich und lösen eine intensive kognitive Elaboration des inkongruenten Stimulus aus.[255] Des Weiteren stellt eine Ablenkung vom Spiel und damit auch eine Unterbrechung des als angenehm wahrgenommenen Telepräsenzzustandes eine Interferenz mit dem eigentlichen Hauptziel, nämlich dem Spielen des Spiels dar, auf die mit Irritation und Reaktanz reagiert wird.[256] Diese Abwehrreaktion lässt sich mit der Theorie der kognitiven Dissonanz erläutern. Die entstehenden kognitiven Dissonanzen sind auf den wahrgenommenen Kontrollverlust zurückzuführen, da der Konsument mithilfe des Persuasion Knowledges die aufmerksamkeitserregende Wirkung als verdeckten Beeinflussungsversuch identifizieren und versuchen wird, die Kontrolle über den Beeinflussungsversuch zurückzuerlangen.[257]

---

[251] Vgl. Cauberghe/De Pelsmacker (2010), S. 7.
[252] Vgl. d'Astous/Chartier (2000), S. 34; Rodgers (2004), S. 69; Wise et al. (2008), S. 4 ff.
[253] Vgl. Lee/Faber (2007), S. 79.
[254] Vgl. Lee/Faber (2007), S. 75; Grigorovici/Constantin (2004), S. 23; Trommsdorff (2009), S. 272 f.
[255] Vgl. Edwards et al.(2002), S. 84 f.
[256] Vgl. Edwards et al.(2002), S. 84 f.
[257] Vgl. Edwards et al. (2002), S. 83; Friestad/Wright (1994), S. 3.

Außerdem löst die Diskrepanz zwischen eigenem Wissen und der neuartigen Information einen als unangenehm empfundenen Zustand des kognitiven Ungleichgewichts aus. Je nachdem wie groß die Diskrepanz zwischen den widersprüchlichen Informationen ist, ist das Individuum u.U. nicht dazu in der Lage, die Dissonanzen zu beseitigen, was mit Gefühlen der Irritation, Frustration und letztendlich Vermeidung der Quelle der Dissonanz enden kann.[258] Als weiterer Ansatz zur Unterstützung dieser These kann der Umstand angeführt werden, dass der Telepräsenzzustand in hohem Maße kognitive Ressourcen beansprucht.[259] Kommt es aufgrund der inkongruenten Information zu intensiver Elaboration, werden kognitive Ressourcen beansprucht,[260] die unter Berücksichtigung der limitierten kognitiven Kapazität nicht mehr zur Bewältigung des Spiels und damit der Aufrechterhaltung des Zustandes der Telepräsenz zur Verfügung stehen, was, wie oben beschrieben, als Kontrollverlust gedeutet werden kann. Übertragen auf die Gestaltung einer In-Game Werbemaßnahme lässt sich festhalten, dass Werbemaßnahmen, die den Erwartungen der Spieler in funktionaler, gestaltungstechnischer und Image-bezogener Dimension nicht entsprechen, als widersprüchlich wahrgenommen werden, was zu Gefühlen der Irritation und Verunsicherung führt.

Gross stellt allerdings eine entgegengesetzte Hypothese auf, indem sie annimmt, dass eine starke Kongruenz zwischen dem Spiel und dem Produkt zu einer schlechteren Einstellung gegenüber dem Spiel führt, da diese Kongruenz das Persuasion Knowledge der Konsumenten aktiviert.[261] Allerdings muss berücksichtigt werden, dass diese Aussage vor dem Hintergrund eines Advergames getroffen wurde. Dieses erfüllt per se einen Werbezweck bzw. wurde eigens dafür entwickelt. Damit ist die beeinflussende Wirkung nicht verdeckt, sondern für den Spieler annahmegemäß a priori offensichtlich. Darüber hinaus sind Advergames von geringerer Komplexität als vollwertige Videospiele, was die Annahme zulässt, dass Spieler von Advergames ausreichend zur Verfügung stehende kognitive Ressourcen besitzen, um über die Werbemaßnahme intensiver zu reflektieren, als das bei In-Game Advertising der Fall ist. Dies impliziert, dass evtl. andere Verarbeitungsmechanismen greifen und ggf. die Kongruenz als unterschwellige Beeinflussung identifiziert wird.[262]

---

[258] Vgl. Peracchio/Tybout (1996), S. 177; Kapitel 2.2.3.
[259] Vgl. Schneider/Cornwell (2005), S. 326.
[260] Vgl. Peracchio/Tybout (1996), S. 177; Lee/Faber (2007), S. 86.
[261] Vgl. Gross (2010), S. 3.
[262] Vgl. Kapitel 2.1.2.

Bezüglich des **funktionellen Fits** lässt sich also konstatieren, dass sofern ein Produkt in einem Spielkontext platziert wird, in dem es keine Funktion erfüllt, dies aus Konsumentensicht eine inkongruente Information darstellt. Dies führt zu folgender Annahme:

H_{1b}:	Je höher der funktionelle Fit, desto niedriger ist die vom Spieler wahrgenommene Irritation.

Während des Spiels wird der Spieler, durch die simultane Präsentation von Spiel und Markenwerbung, sowohl mit dem **Image** des Spiels als auch mit dem der Marke konfrontiert.[263] Da Images als Schemata in assoziativen, wechselseitigen Beziehungen zueinander stehen[264] und Konsumenten nach konsistenten kognitiven Strukturen streben, kann die Vermutung aufgestellt werden, dass Inkonsistenzen zwischen diesen Schemata zur Entstehung kognitiver Dissonanzen führen, da durch die simultane Präsentation von Spiel und Marke relevante Beziehungen zwischen beiden Schemata bestehen.[265] Unter Berücksichtigung der dargestellten Annahmen ist folgende Hypothese anzunehmen:

H_{2b}:	Je höher der Image-Fit, desto niedriger ist die vom Spieler wahrgenommene Irritation.

Entspricht eine In-Game Werbemaßnahme nicht der **Werbeerwartung** des Spielers, ist sie also auffällig dominant, z.B. hinsichtlich der Größe, der Wiederholung, der Farbgebung oder der fehlenden Übereinstimmung mit der stilistischen Gestaltung des Spielsettings, etc.,[266] wird sie vom Spieler schneller als Persuasionsversuch identifiziert, da sie unrealistisch und unangemessen erscheint, was zu Irritationen und Ablehnung führt.[267] Identifiziert ein Spieler also eine In-Game Werbemaßnahme als verdeckten Beeinflussungsversuch, wird dies als Beeinträchtigung seines primären Ziels sowie seiner Handlungsfreiheit, also der ungestörten Beschäftigung mit dem Spielinhalt, gedeutet und kognitive Dissonanzzustände treten auf.[268] Somit lässt sich folgende Hypothese postulieren:

---

[263] Vgl. Simonin/Rhuth (1998), S. 33.
[264] Vgl. Keller (1993), S. 3.
[265] Vgl. Kapitel 2.2.3.
[266] Vgl. Russel (2002), S. 307 ff.; d'Astous/Chartier (2000), S. 34; Aaker/Bruzzone (1985), S. 55 ff.
[267] Vgl. Robertson/Rossiter (1974), S. 18 ff.; Schweizer (2005), S. 33.
[268] Vgl. Edwards et al. (2002), S. 84 f.; Nelson et al. (2004), S. 4 f.

H_{3b}:	Je höher der Werbeerwartungsfit, desto niedriger ist die vom Spieler wahrgenommene Irritation.

Abschließend sei noch erwähnt, dass in einer Hinsicht den Hypothesen der Schematheorie nach *Mandler* widersprochen wird. Es wird nicht davon ausgegangen, dass moderate Schemainkongruenz zu positiveren Affekten führt, da *Mandlers* Argumentation unterstellt, dass moderate Inkongruenz intensivere Elaboration seitens des Konsumenten anregt, die Inkongruenz jedoch so gering ist, dass der Konsument diese bewältigen kann und aus der erfolgreichen Anpassung des Schemas positive Gefühle hervorgerufen werden.[269] Im Rahmen eines Computerspiels sollte allerdings, wie bereits angesprochen, die Werbung nicht vom Spielinhalt als Aufmerksamkeitsfokus ablenken, sondern diesen vielmehr unterstützen.[270] Daher unterstellen die hier postulierten Hypothesen, dass jegliche Form von werblicher Ablenkung vom Spielinhalt als Beeinflussungsversuch identifiziert und als unangenehme Interferenz mit den eigenen Zielen gedeutet wird.

3.2 Selbstkongruenz – Der Fit zwischen Spieler und Marke

Die Konsumentenverhaltensforschung zeigt, dass Produkte nicht mehr nur zur Befriedigung von funktionalen, utilitaristischen Bedürfnissen erworben werden, sondern immer häufiger symbolische Aspekte einer Marke kaufentscheidend sind.[271] Diese Annahme erfährt Unterstützung durch den Umstand, dass Konsumenten häufig zu Markenprodukten greifen, deren Images eine Übereinstimmung mit dem eigenen Selbstkonzeptaufweisen.[272] So suchen Konsumenten vorrangig nach Produkten, deren transportierte Bedeutung als nützlich erachtet wird, um bestimmte Aspekte des eigenen Selbst sowie der Umwelt in einer bestimmten Weise zu gestalten.[273]

Rosenberg definiert dabei Selbstkonzept als „*the totality of the individual's thoughts and feelings having reference to himself as an object*".[274] Über die genaue Definition des Selbstkonzepts herrscht jedoch keine Einigkeit in der einschlägigen Literatur.[275] Vielmehr hat

[269] Vgl. Meyers-Levy/Tybout (1989), S. 40 ff.
[270] Vgl. Lewis/Porter (2010), S. 47.
[271] Vgl. Levy (1959), S. 117.
[272] Vgl. Kassarjian (1971), S. 413; DeLorme/Reid (1999), S. 78 f.
[273] Vgl. McCracken (1989), S. 316; Tucker (1957), S.139 zitiert aus: Sirgy (1982), S. 287.
[274] Rosenberg (1979), S.7 zitiert aus Sirgy (1982), S. 287.
[275] Vgl. Sirgy (1982), S. 288.

sich ein mehrdimensionaler Ansatz des Selbstkonzepts durchgesetzt, demzufolge Individuen nicht bloß ein Selbstkonzept besitzen, sondern zwischen dem tatsächlichen Selbstkonzept, dem idealen Selbstkonzept, dem sozialen Selbstkonzept und dem idealen sozialen Selbstkonzept unterscheiden.[276] In diesem Zusammenhang stellen *Grubb/Grathwohl* fest, dass das Selbstkonzept für den Konsumenten einen Wert besitzt und das Verhalten auf den Schutz und die Aufwertung des Selbstkonzepts ausgerichtet ist.[277] Neben der Selbstaufwertung (self-esteem) streben Konsumenten aber auch nach selbstbestätigendem Konsum (self-consistency), d.h. Konsum von Produkten, deren transportierte Bedeutung mit dem eigenen Selbstkonzept konsistent ist.[278] Selbstkongruenz liegt also vor, wenn die Wahrnehmung des Produktes oder der Marke, also das Markenimage, mit der eigenen (idealen oder tatsächlichen) Wahrnehmung, also dem Selbstkonzept, übereinstimmt.[279]

Die Frage lautet jedoch, wie man ein neutrales Produkt mit einer Bedeutung versehen kann, so dass Konsumenten diese Bedeutung durch den Konsum der Markenprodukte für sich nutzbar machen können. Eine Antwort auf diese Frage liefert *McCracken* mit seiner Theorie zum Bedeutungstransfer im Rahmen des Celebrity Endorsements.[280] Er beschreibt hierbei die Stufen, durch die zunächst der Schauspieler durch seine Rollen mit bestimmten Assoziationen in Verbindung gebracht wird und später diese Assoziationen durch ein Celebrity Endorsement auf Markenprodukte überträgt und letztendlich so dem Konsumenten zugänglich bzw. überhaupt erst offensichtlich macht. Der Konsument wählt dabei die Produkte aus, deren Assoziationen entweder eine Bestätigung des tatsächlichen Selbstbildes darstellen oder eine Aufwertung des Selbstbildes nach sich ziehen.[281] Analog zu *Gwinner/Eaton*, die annehmen, dass dieser Prozess des Bedeutungstransfers auch im Rahmen von Event-Sponsoring auftritt, wird im Rahmen dieser Studie angenommen, dass auch In-Game Advertising diese Transferleistung evoziert.[282] Dies ist damit zu begründen, dass Computer-und Videospiele, analog zu Prominenten, eindeutige Assoziationen aufweisen, die auf Charakteristika des Spiels zurückzuführen sind.[283] Prominente erscheinen außerdem häufig in Computer- und Videospielen, in denen sie dann eine Testimonial-Funktion für die im Spiel platzierten

[276] Vgl. Johar/Sirgy (1991), S. 24 f.
[277] Vgl. Grubb/Grathwohl (1967), S. 25 f; Sirgy (1982), S. 289.
[278] Vgl. Sirgy (1982), S. 287.
[279] Vgl. Johar/Sirgy (1991), S. 24.
[280] Vgl. McCracken (1989), S. 315 ff.
[281] Vgl. McCracken (1989), S. 315 ff.
[282] Vgl. Gwinner/Eaton (1999), S. 48.
[283] Vgl. Kapitel 3.1.2, insbesondere das Wipeout-Beispiel, S. 37 f.

Produkte übernehmen, da sie dem Spieler als Identifikationsperson dienen, woraufhin Assoziationen vom Testimonial auf das Produkt übertragen werden.[284] Als Beispiele hierfür dient z.B. „Tony Hawk's Pro Skater", sowie das Spiel „Cyber Tiger" mit Tiger Woods.[285]

Dieser Imagetransfer umfasst sowohl die Übertragung neuer als auch die Verstärkung alter Markenassoziationen, die in ihrer Gesamtheit das Markenimage bilden.[286] Es ist natürlich auch möglich, dass Markenassoziationen von der Marke auf das Spiel übertragen werden, so z.B. bei der Charakterprofilierung von Schauspielrollen oder Spielcharakteren durch den Gebrauch von Markenartikeln. Generell ist aber davon auszugehen, dass das Spiel, aufgrund des hochgradig involvierenden Telepräsenzzustandes beim Spieler, den Fokus der Aufmerksamkeit bildet.[287] Somit sind spielbezogene Assoziationen mit geringerem kognitivem Aufwand abrufbar, was nahelegt dass der Imagetransfer vom Spiel zur Marke verläuft.[288] Der Konsument wird spielbezogene Assoziationen aufgrund des Potentials zur Selbsterhöhung sowie Selbstbestätigung als selbstrelevant identifizieren.[289] Gemäß der Theorie des impliziten Lernens, dienen im Spiel platzierte und damit gemäß dem Kontiguitätsprinzip parallel zum Spiel erscheinende Markenprodukte fortan als Symbol für die vom Konsumenten bereits realisierten sowie angestrebten Imagedimensionen.[290] Das bedeutet, der Konsument modifiziert durch das implizite Lernen neuer Markenassoziationen seine Annahmen über die Eignung der Marke bzw. des Produktes zur Befriedigung seiner symbolischen Bedürfnisse.

Durch den Bezug auf eine Marke kann das Selbstkonzept des Konsumenten definiert, bestätigt und untermauert werden.[291] Mit Fokus auf die Selbstkongruenztheorie[292] kann konstatiert werden, dass je größer die Überschneidung des eigenen Selbstkonzepts mit dem Konzept der Marke (Image), desto positiver die Einstellung zu dieser Marke.[293] Kombiniert man diese Erkenntnisse mit der Theorie des überlegten Handelns, wird offensichtlich, dass

---

[284] Vgl. Avery/Ferraro (2000), zitiert aus Yang et al. (2006), S. 144.
[285] Vgl. Nelson (2002), S. 83.
[286] Vgl. Kamen et al. (1975), S. 18, zitiert aus McCracken (1989), S. 311: vgl. auch Kapitel 2.3.1.
[287] Vgl. Pham (1992), S. 86.
[288] Vgl. Gwinner/Eaton (1999), S. 48.
[289] Vgl. McCracken (1989), S. 316 f.
[290] Vgl. Kapitel 2.3.2.
[291] Vgl. Herrmann et al. (2001).
[292] Vgl. Sirgy (1982); Sirgy (1985a,b); Sirgy (1986).
[293] Vgl. Sirgy et al. (1997), S. 229; Malhotra (1988b).

eine hohe Kongruenz zwischen dem Markenimage und dem idealen bzw. tatsächlichen Selbstkonzept des Spielers, zu positiveren Einstellungen führt. Zusammenfassend kann man also folgende Hypothese aufstellen:

H_4:	Je größer die Kongruenz zwischen Markenimage und Selbstkonzept des Spielers, desto positiver ist die Einstellung des Spielers gegenüber der beworbenen Marke.

3.3 Affektiv-emotionale Konsequenzen der Fit-Dimensionen

3.3.1 Telepräsenz

Forschungsarbeiten über interaktive Medien und Videospiele verwenden meist das Konstrukt der Telepräsenz zur Beschreibung der psychologischen Reaktion, mit der die Individuen auf das Medium reagieren.[294] Dem Telepräsenzzustand werden eine Reihe positiver Effekte zugeschrieben, die vor allem für das Product Placement von Interesse sind.[295] So ist die Wahrscheinlichkeit geringer, dass Spielern die persuasive Absicht eines Product Placements explizit bewusst wird, da sie sich in einem kognitiv beanspruchenden Zustand tiefer Immersion (virtuelle Realität) mit dem Medium befinden. Dieser macht es nahezu unmöglich, sich simultan dem Spielgeschehen zu widmen und eventuelle Persuasionsversuche der Werbung zu identifizieren.[296] Sehr interessant ist hierbei, dass *Li et al.* nachweisen, dass dreidimensionale Produktdarstellungen zu einer stärkeren Telepräsenzwahrnehmung führen sowie einen positiven Einfluss auf Produktwissen und letztendlich Markeneinstellung vorweisen.[297]

Der Einfluss von Telepräsenz auf die Markenerinnerung ist bisher nicht eindeutig verifiziert. So konstatieren *Kim/Biocca* zwar, dass Telepräsenz zu einer intensiveren Verarbeitung des gesamten medialen Inhaltes und somit auch einer verbesserten Markenerinnerung führt.[298] *Nelson et al.* relativieren diese These jedoch mit Augenmerk auf das In-Game Advertising dahingehend, dass die Annahme nicht für im Hintergrund platzierte Marken in Computerspielen gilt.[299] Diese Einschränkung findet durch weitere Studien Unterstützung.[300]

[294] Vgl. Nelson et al. (2006), S. 90; Grigorovici/Constantin (2004), S. 22; Mau et al. (2008), S. 829.
[295] Vgl. Molesworth (2006), S. 358.
[296] Vgl. Grigorovici/Constantin (2004), S. 23; Glass (2007), S. 25.
[297] Vgl. Li et al. (2002), S. 48.
[298] Vgl. Kim/Biocca (1997).
[299] Vgl. Nelson et al.(2006), S. 89 f.
[300] Vgl. Grigorovici/Constantin (2004), S. 24 f; Schneider/Cornwell (2005), S. 332.

Die Untersuchung der Einstellungswirkungen von Telepräsenz führt demgegenüber zu eindeutigeren Ergebnissen. So konnte gezeigt werden, dass sich Telepräsenz positiv auf die wahrgenommene Überzeugung durch eine Werbemaßnahme und damit deren Effektivität auswirkt.[301] Auch die Markenpräferenz wird durch Telepräsenz positiv beeinflusst.[302] *Drengner/Gaus/Jähn* kommen zu dem Ergebnis, dass sich die durch den Flow ausgelösten positiven Emotionen auf das Image eines Events übertragen.[303] Obwohl der postulierte Zusammenhang, der direkten Beeinflussung des Events durch den Flow als Ursache des Flow-Zustandes, verworfen werden musste,[304] erscheint diese Annahme dennoch gerechtfertigt.

Unter Berücksichtigung, dass Computer-und Videospiele großes Potential besitzen, das Gefühl von Telepräsenz zu vermitteln, liegt die Annahme nahe, dass die Einstellung zum Spiel durch die Wahrnehmung von Telepräsenz positiv beeinflusst wird. Telepräsenz wird dabei als hochgradig positives Gefühl der Immersion mit einem Medium beschrieben. Wird diese Annahme zugrundegelegt, ist im Gegensatz zu *Nelson et al.* davon auszugehen, dass die Telepräsenz auf die Einstellung zum Spiel wirkt und nicht dass die Einstellung zum Spiel die Telepräsenz beeinflusst.[305] Die Einstellung zum Spiel ist also Konsequenz, nicht Antezedens, der vom Spieler wahrgenommenen Spielerfahrung, u.a. also auch der Telepräsenz, welche wiederum aus der Gestaltung des Spiels und damit auch dem Fit zwischen dem Spiel und der Marke resultiert. Unterstützung erfährt diese Annahme durch die Ergebnisse von *Mau et al.*, die zeigen konnten, dass die Einstellung zum Spiel von der Einstellung zum Spiel vor dem Spielen und der Flow-Erfahrung beeinflusst wird, wobei die Flow-Erfahrung einen deutlich stärkeren Einfluss nahm.[306] Da Computerspiele ideale Voraussetzungen zur Erzeugung eines Flows bieten und Telepräsenz einen wichtigen Aspekt der Flow-Erfahrung darstellt, wird davon ausgegangen, dass die Telepräsenz einen ähnlichen Einfluss auf die Einstellung zum Spiel hat wie das Flow-Erleben des Spielers. Folgende Hypothese gilt es daher zu überprüfen:

[301] Vgl. Nelson et al. (2006), S. 95 f.; Nicovich (2005), S. 46 f.
[302] Vgl. Grigorovici/Constantien (2004), S. 32.
[303] Vgl. Drengner et al. (2008), S. 144. Anmerkung: Image wurde im Rahmen dieser Arbeit als die affektive Komponente der Einstellung beschrieben und ist somit von der hier verwendeten zu unterscheiden.
[304] Vgl. Drengner et al. (2008), S. 144.
[305] Vgl. Nelson et al. (2006), S. 94.
[306] Vgl. Mau et al. (2008), S. 844 ff.

H_5:	Je stärker die vom Spieler wahrgenommene Telepräsenz, desto positiver wird seine Einstellung zum Spiel ausfallen.

3.3.2 Irritation

Nachdem aufgezeigt wurde, wie sich die positive Wirkung der Telepräsenz zur Beeinflussung der Einstellung zum Spiel eignet, wird im Folgenden beschrieben, warum sich negative Gefühle der Irritation, ausgelöst durch inkongruente Werbemaßnahmen, auf die Einstellung zur Werbemaßnahme und auf die Einstellung zum Spiel auswirken.

Kroeber-Riel und *Weinberg* definieren Irritation als ein Gefühl der Verunsicherung und Störung.[307] Die Ursachen von Irritation können vielfältig sein. Zum einen interferieren inkongruente In-Game Werbemaßnahmen mit den Zielen der Konsumenten, indem sie die Spielerfahrung, absichtlich oder unabsichtlich, unterbrechen und die Aufmerksamkeit vom Spiel auf die Werbemaßnahme lenken. Gemäß *Bailey et al.* entsteht auf diese Weise ein kognitiver Mehraufwand, da der Spieler dazu gezwungen ist, seine Aufmerksamkeit zwischen dem Spiel und der Werbemaßnahme zu koordinieren.[308] Der Mensch verfügt nur über begrenzte kognitive Kapazitäten, die ihm zur Bewältigung einer Aufgabe zur Verfügung stehen.[309] Sind die für eine Aufgabe benötigten Kapazitäten allerdings nicht verfügbar, wirkt sich dies negativ auf die Qualität der erzielbaren Ergebnisse aus.

Theoretische Fundierung erfährt diese Aussage durch das Consumer Confusion Konzept, welches das Verhalten der Konsumenten betrachtet und sich auf die bewusste Informationsüberlastung sowie die limitierte kognitive Kapazität (bewusst wahrgenommen oder unbewusst) der Informationsverarbeitung stützt.[310] Im Gegensatz zu den klassischen Theorien der Informationsüberlastung geht der Consumer Confusion Ansatz nicht davon aus, dass die Konsumenten auf einen Informationsüberschuss[311] mit Ignoranz reagieren,[312] da sie sich der überlastenden Situation nicht immer ungehindert entziehen können, woraufhin negative Emotionen entstehen. Da In-Game Werbemaßnahmen einen festen Bestandteil des

---

[307] Kroeber-Riel/Weinberg (2003), S. 77.

[308] Vgl. Bailey et al. (2001), S. 5 f.

[309] Vgl. Schweizer (2005), S. 30.

[310] Vgl. Rudolph/Schweizer (2004); Walsh (2002), S. 24; Mitchell/Papavassiliou (1999); Balabanis/Craven (1997); Loken/Ross/Hinkle (1986).

[311] Der Überschuss beschreibt hierbei die Differenz aus Informationsangebot und Informationsnachfrage.

[312] Vgl. Schweitzer (2005), S. 30.

Spiels darstellen, können sich Konsumenten auch nicht der Werbemaßnahme entziehen ohne auch auf den erworbenen Spielinhalt zu verzichten.

Eine weitere Ursache kann anhand des Persuasion Knowledge Modells[313] aufgezeigt werden. Persuasive Kommunikation einer Marke wird von Konsumenten als Kontrollverlust wahrgenommen, auf den mit Strategien zur Bewältigung reagiert wird, um Kontrolle über mögliche Ausgänge des Beeinflussungsversuchs zurückzuerlangen und kognitive Dissonanzen zu reduzieren. Diesen Zusammenhang beschreibt die Reaktanztheorie.[314] Die Überlegungen dieses Ansatzes zugrunde gelegt, reagiert eine Person, die eine Bedrohung oder Einschränkung ihrer Verhaltensfreiheit wahrnimmt, auf diese erwartete Einengung mit Widerstand.[315] Diese Widerstandsreaktion fällt dann besonders stark aus, wenn die Person die beeinträchtigte Handlung als besonders wichtig empfindet und wenn sie den Eindruck gewinnt, dass der Kommunikator sie entgegen ihrer eigenen Meinung zu beeinflussen beabsichtigt. Der Konsument wird entsprechend der Reaktanztheorie noch stärker versuchen, die eingeschränkte Handlung oder seine angegriffene Einstellung beizubehalten, wodurch die Wirksamkeit der Werbemaßnahme drastisch abnimmt.[316]

Die irritationsbedingten Dissonanzen können durch eine Anpassung des Verhaltens oder der Einstellung reduziert werden. Dabei richten sich die negativen Emotionen in erster Linie auf die Werbemaßnahme als Auslöser der kognitiven Dissonanz, hier also auf die Werbemaßnahme. Da die Werbemaßnahme allerdings einen festen Bestandteil des Spiels darstellt, wird der Spieler gemäß der Theory of Reasoned Action auch seine Annahmen über die Eignung des Spiels zur Bedürfnisbefriedigung anpassen müssen.[317] *McCoy et al.* formulieren die Hypothese, dass sich die Irritation durch Pop-Up Werbung negativ auf die Einstellung zur Webseite auswirkt.[318] In Anlehnung an diese Hypothese kann vermutet werden, dass sich die Irritation, aufgrund der In-Game Werbemaßnahme auch negativ auf die Einstellung zum Spiel auswirkt. Auch *Murry et al.* postulieren, dass durch den Inhalt des Unterhaltungsmediums ausgelöste Gefühle Einfluss auf die Einstellung zum

[313] Vgl. hierzu Kapitel 2.2.4
[314] Die Theorie der psychologischen Reaktanz geht auf Brehm (1966) zurück, während sich neuere Darstellungen in *Dickenberger*, *Gniech* und *Grabitz* (1993) finden.
[315] Vgl. im Folgenden Kroeber-Riel et al. (2009), S. 261.
[316] Vgl. Trommsdorff (2009), S. 271 f.
[317] Vgl. Kapitel 2.2.2.
[318] Vgl. McCoy et al. (2008), S. 676 f.

Unterhaltungsmedium nehmen.[319] Es wird jedoch angenommen, dass sich die Effekte der Irritation von denen der Telepräsenz unterscheiden, da sie auch auf die Einstellung zur Werbemaßnahme wirken. Dieser Umstand kann anhand des Elaboration Likelihood Modells[320] erklärt werden. Bei einer kongruenten Werbemaßnahme wird der Spieler aufgrund seiner Immersion mit dem Medium weder dazu in der Lage sein noch die Motivation besitzen, die Werbebotschaft intensiver zu evaluieren. Liegt allerdings eine inkongruente Werbemaßnahme vor, weist die neuartige Information in Form der Werbemaßnahme ausreichende Diskrepanz auf, um intensiver elaboriert zu werden, zumal die kognitive Beanspruchung durch die Telepräsenz gestört wird. Es ist also davon auszugehen, dass bei Inkongruenz ein höheres Ad Execution Involvement[321] vorherrscht, wodurch ein Contextual Evaluation Transfer auftritt und Konsumenten dazu tendieren, die verarbeitungsintensiven Aspekte der Information detaillierter zu verarbeiten.[322] Bei Telepräsenz bzw. Kongruenz hingegen wird eher der Pure Affect Transfer wirksam wird.[323] Folgende Hypothesen erscheinen daher plausibel:

H_{6a}:	Je stärker die vom Spieler wahrgenommene Irritation aufgrund der Werbemaßnahme, desto negativer wird er selbiger gegenüber stehen.

H_{6b}:	Je stärker die vom Spieler wahrgenommene Irritation aufgrund der Werbemaßnahme, desto negativer wird seine Einstellung zum Spiel ausfallen.

3.4 Einstellungswirkungen

3.4.1 Einstellung zum Spiel

Analog zum A_{Ad}-Modell, wird auch angenommen, dass die Stimmung Einfluss auf die Wahrnehmung der Werbeanzeige nimmt.[324] *Murry et al.* unterschieden in ihrer Arbeit zwischen der Stimmung, die durch den Programminhalt ausgelöst wird und der Einstellung zum Programm.[325] Übertragen auf In-Game Advertising wird so dem Umstand Rechnung

---

[319] Vgl. Murry et al. (1992), S. 442; Murry et al.(1992), S. 449.
[320] Vgl. hierzu Petty/Cacioppo (1986); Petty/Wegener (1999).
[321] Bereitschaft, Kontextreize der Werbung zu beurteilen.Vgl. hierzu Kapitel 2.2.5.
[322] Vgl. Lutz (1985), S. 45 f.
[323] Daher ist davon auszugehen, dass die Werbewirkung auf affektive Transfermechanismen zurückzuführen ist. Vgl. MacKenzie/Lutz (1989), S. 52.
[324] Vgl. Meeder (2007), S. 42; MacKenzie/Lutz (1989), S. 54
[325] Vgl. Murry et al. (1992), S. 442.

getragen, dass die durch das Spiel ausgelösten Emotionen wie Angst, Anspannung oder Schock, affektiv gesehen zwar negativ sind, aber durchaus erwünscht sein können und so zu positiven Einstellungen gegenüber dem Spiel als bewusste Bewertung des Spiels führen.[326] Die durch das Spiel induzierten Gefühle beeinflussen analog zu *Murry et al.* also eher die Einstellung zum Spiel als direkt die Einstellung zur Werbemaßnahme oder zur beworbenen Marke.[327] Diese Modellierung des Zusammenhangs ist vergleichbar mit der Modellierung des Zusammenhanges zwischen Telepräsenz bzw. Irritation und der Einstellung zum Spiel.

Zur Erklärung des Einstellungstransfers zwischen der Einstellung zum Spiel und der Einstellung zur Werbemaßnahme, wird im Folgenden die emotionale Konditionierung herangezogen.[328] Diese Theorie findet im Rahmen von emotionaler Print-/ und TV-Werbung schon lange Berücksichtigung und scheint auch für die Anwendung im In-Game Advertising vielversprechend.[329] So konnten *Huber et al.* bereits erfolgreich nachweisen, dass es möglich ist, Marken mit Hilfe von In-Game Werbemaßnahmen zu emotionalisieren.[330] Die Forschung nimmt darüber hinaus an, dass Medien, die ein Gefühl von Präsenz vermitteln, eine stärkere Einstellungsbildung forcieren und so eine bessere Vorhersage von Verhaltensabsichten bieten.[331] *Molesworth* hält darüber hinaus fest:*„It is therefore possible that experiences with brands in video games may be integrated into individuals‘ memories as though those experiences were somehow 'real‘ and also that interactions with brands in games that produce favourable impressions may therefore produce stronger attitudes than non-interactive mediated encounters with brands“*.[332] D.h. aufgrund der Interaktivität und der erzeugten Telepräsenz eines digitalen Spiels kann es möglich sein, dass Spieler ihre Erfahrungen mit Markenprodukten in Computerspielen fast wie eine reale Interaktion mit dem Produkt behandeln. Dies führt zu stärkeren Effekten auf die Einstellung zur Werbemaßnahme bzw. indirekt auch zur Markeneinstellung. Weiter bestätigt *Glass*, dass in Spielen platzierte Produkte öfter positiv bewertet werden als nicht im Spiel platzierte Produkte. Ferner benötigen Spieler mehr Zeit, eine im Spiel beworbene Marke schlecht

---

[326] Vgl. Nelson et al. (2006), S. 90.
[327] Vgl. Murry et al. (1992), S. 449.
[328] Vgl. Kapitel 2.3.2.
[329] Vgl. Huber et al. (2009), S. 31 f.
[330] Vgl. Huber et al. (2009), S. 92.
[331] Vgl. Molesworth (2006), S. 357 f.
[332] Molesworth (2006), S. 358.

einzustufen als das bei einer nicht im Spiel platzierten Marke der Fall ist.[333] Weitere Forschungsarbeiten nehmen ebenfalls an, dass von einer positiven Einstellung zum Spiel auch positive Effekte auf die Einstellung gegenüber der Werbemaßnahme ausgehen.[334]

Aus den formulierten Aussagen lässt sich daher folgende Hypothese ableiten:

H_7:	Je positiver die vom Spieler wahrgenommene Spielerfahrung und damit seine Einstellung zum Spiel ausfällt, desto positiver werden die im Spiel platzierten Werbemaßnahmen wahrgenommen.

3.4.2 Einstellung zu In-Game Advertising

Gemäß der von *Festinger* postulierten Theorie der kognitiven Dissonanz, streben Konsumenten nach kognitiver Konsistenz, d.h. einer widerspruchsfreien, konsistenten Verknüpfung von inneren Erfahrungen, Kognitionen oder Einstellungen.[335] Jedoch müssen nicht alle Kognitionen in konsistenten Beziehungen zueinander stehen, sondern lediglich solche, die sich im selben Subsystem befinden und so eindeutig miteinander assoziiert werden.[336] Treten nun entgegen der Bemühungen des Konsumenten trotzdem Inkonsistenzen auf, versucht das Individuum die Inter-Einstellungskonsistenz zwischen diesen Kognitionen bzw. Einstellungen wiederherzustellen und die kognitive Dissonanz zu beseitigen.[337] Um dies zu bewerkstelligen, wird die Einstellung mit dem geringsten Anpassungswiderstand angeglichen und so die innere Konsistenz wiederhergestellt.[338]

Analog zum Attitude-Toward-the-Ad-Modell wird davon ausgegangen, dass die generelle Einstellung gegenüber In-Game Advertising Einfluss auf die Einstellung zur konkreten In-Game Werbemaßnahme nimmt. Da In-Game Advertising bei weitem keine völlig neue Werbepraktik ist und die Spieler mit hoher Wahrscheinlichkeit bereits Kontakt mit In-Game Werbung hatten, kann von einer bereits vorhandenen Einstellungen gegenüber In-Game Advertising bei den Spielern ausgegangen werden. Es ist daher naheliegend, anzunehmen,

---

[333] Vgl. Glass (2007), S. 28 f.
[334] Vgl. Nelson et al. (2006), S. 90; Grigorovici/Constantin (2004), S. 25 f; Mau et al. (2008), S. 835.
[335] Vgl. Kroeber-Riel/Weinberg (2003), S. 182; Trommsdorff (2009), S. 122 f.; Mummendey (1988), S. 20 ff.
[336] Vgl. Kapitel 2.2.3.
[337] Vgl. Kapitel 2.2.3.
[338] Vgl. Güttler (2003), S. 230 f.

dass die Einstellung zu In-Game Advertising im Allgemeinen eine höhere Änderungsresistenz aufweist als die konkrete In-Game Werbemaßnahme.[339] Damit wird impliziert, dass die Einstellung zur konkreten In-Game Werbemaßnahme und die generelle Einstellung zu In-Game Advertising sich im selben Einstellungs-Subsystem befinden und somit eine relevante Beziehung zueinander aufweisen. Die logische Konsequenz aus den dargestellten Zusammenhängen ist, dass Spieler, die aufgrund vorangegangener Erfahrungen eine positive oder negative Einstellung zu In-Game Advertising aufweisen, auch der konkreten In-Game Werbemaßnahme in positiver oder negativer Weise entgegentreten werden.[340] Folgende Hypothese soll daher eine Überprüfung erfahren:

H_8: Je positiver die Einstellung des Spielers zu In-Game Advertising im Allgemeinen, desto besser wird der Spieler der konkreten In-Game Werbemaßnahme gegenüber eingestellt sein.

3.4.3 Einstellung gegenüber der In-Game Werbemaßnahme und Auswirkungen auf die Markeneinstellung bzw. die Kaufabsicht

In Abhängigkeit der Integrationsform der Marke im Spiel können durch eine In-Game Werbemaßnahme unterschiedliche Effekte erzielt werden. Die schwierigste, aber auch effektivste Methode der Integration, stellt die demonstrative Integration dar. Sie erlaubt das implizite Lernen von konkreten Eigenschaften des Produktes, was neben der Markenbekanntheit bzw.-einstellung auch die Kenntnis von Produkteigenschaften der Spieler steigert, da die Spieler das Produkt interaktiv erleben können, was wie bereits beschrieben zu besseren Einstellungen gegenüber dem Produkt führen kann.[341] In einem Rennspiel z.B. können Spieler durch den Vergleich von Fahrzeugen bei der Fahrzeugauswahl Informationen über die Leistung eines Fahrzeugmodells erhalten. Bei einer realistischen Umsetzung sowie den technischen Möglichkeiten, z.B. durch ein Force-Feedback Lenkrad,[342] wäre es sogar denkbar, dass dem Spieler ein Eindruck über das Fahrverhalten vermittelt werden kann. *Glass* betont darüber hinaus, dass im Spiel platzierte Produkte mit bestimmten Eigenschaften

[339] Vgl. Huber et al. (2009), S. 33.
[340] Vgl. Nelson et al. (2004), S. 13.
[341] Vgl. Nelson et al. (2004), S. 10 f; Molesworth (2006), S. 358.
[342] Force Feedback Lenkräder sind Peripheriegeräte für Computer und Konsolen, welche als Spielzubehör den Bewegungswiderstand in Abhängigkeit des Untergrunds und der Kurvenlage im Spiel ändern. Außerdem geben sie dem Spieler durch Vibration Rückmeldung über den Untergrund.

versehen werden können, die dem Spieler einen Vorteil verschaffen. Diese Produkte können jedoch allerdings erst durch bestimmte Leistungen im Spiel freigeschaltet werden. Hierdurch wird das Produkt für den Spieler begehrenswerter, was sich wiederum auf das Kaufverhalten auswirken kann. Diese Annahme wird gestützt, trotz des Bewusstseins, dass das Produkt die Leistungssteigerung in der Realität nicht hervorruft.[343] Vor allem aber die positive Beeinflussung von A_B und deren Einfluss auf die Kaufabsicht stellt in dieser Studie einen zentralen Zusammenhang dar. Entsprechend bilden die Konstrukte Einstellung zur In-Game Werbemaßnahme, Einstellung zur Marke und letztendlich die Kaufabsicht Ziel-bzw. Schlüsselgrößen dieser Studie ab.

Die Modellierung des hier dargestellten Zusammenhangs zwischen A_{Ad} und A_B findet seine theoretische Begründung in der Werbewirkungsforschung, insbesondere dem Attitude-Toward-the-Ad-Modell, welches ebenfalls mit der „Einstellung zur Werbemaßnahme" einen Mediator der Werbewirkung auf die Einstellung zur Marke und letztendlich die Kaufabsicht verwendet.[344] Der kausale Zusammenhang zwischen A_{Ad} und A_B wurde bereits mehrfach empirisch bestätigt.[345] Entsprechend wird im Kontext dieser Arbeit angenommen, dass auch im Rahmen von In-Game Advertising von einem positiven Effekt der Einstellung zur Werbemaßnahme auf die Einstellung zur Marke ausgegangen werden kann. Diese Hypothese findet auch in anderen Forschungsarbeiten zu In-Game Advertising Bestätigung.[346] Folgende Hypothese scheint daher gerechtfertigt:

H_9:	Je positiver die Einstellung des Spielers zur In-Game Werbemaßnahme ist, desto positiver ist die Einstellung gegenüber der beworbenen Marke.

Darüber hinaus weist die Literatur zum Attitude-Toward-the-Ad-Modell ebenfalls auf einen kausalen Zusammenhang zwischen der Einstellung zur Marke und der Kaufabsicht hin.[347] Aber auch die Theory of Reasoned Action scheint ein geeigneter Ansatz zur Erklärung dieser Zusammenhänge. Allerdings muss in diesem Zusammenhang die Verhaltensrelevanz der

[343] Vgl. Glass (2007), S. 31.
[344] Vgl. MacKenzie et al. (1986), S. 130; vgl. auch Kapitel 2.2.5.
[345] Vgl. MacKenzie/Lutz (1989), S. 53; MacKenzie et al. (1986), S. 140; Homer (1990), S. 81 ff.
[346] Vgl. Huber et al. (2009), S. 92; Wise et al. (2008), S. 7; Mau et al. (2008), S. 833 f.
[347] Vgl. MacKenzie/Lutz (1989), S. 53; Shimp (1981), S. 11 f.

Einstellung zum Objekt, welche durch *Fazio* herausgestellt wurde, berücksichtigt werden.[348] Er begründet die Bedeutung der Einstellung zum Objekt mit der leichteren kognitiven Zugänglichkeit der Einstellung zum Objekt gegenüber der Einstellung zum Verhalten, wie sie durch *Ajzen/Fishbein*[349] postuliert wurde. D.h. bestimmte Reize aktivieren automatisch die Einstellung zum Objekt. Demnach wird die Verhaltensabsicht neben der Einstellung zum Verhalten gegenüber einem Einstellungsobjekt vor allem durch positive Einstellungen zum Objekt selbst beeinflusst. Übertragen auf diesen Zusammenhang bedeutet dies, dass Konsumenten mit einer positiven Einstellung zur Marke eine größere Bereitschaft aufweisen, Produkte und Dienstleistungen der Marke zu erwerben. Unter Berücksichtigung der vorangegangenen Ausführung erscheint es gerechtfertigt, folgende Hypothese zu postulieren:

H_{10}:	Je positiver die Einstellung des Spielers zur Marke, desto größer ist seine Bereitschaft Produkte oder Dienstleistungen der Marke zu erwerben.

3.5 Der moderierende Effekt der Markenbekanntheit

Wie bereits beschrieben, speichert der Konsument Wissen über Marken in Form von sogenannten Markenschemata.[350] Diese Produkt- und Markenschemata können mehr oder weniger stark ausgeprägt sein und werden durch Kommunikationsmaßnahmen sowie unmittelbare Erfahrungen mit der Marke oder dem Produkt gebildet.[351] Im Rahmen des vorliegenden Buches wird „Bacardi Razz" als bekannter Markenstimulus verwendet. Durch die Aktivierung des Markenschemas „Bacardi", bzw. dem Subschema „Razz", werden beim Konsumenten Assoziationen hervorgerufen wie z.B. „Himbeer-Aroma" oder „Partygetränk". Dabei können aber auch Produktschemata wie z.B. „Alkoholische Getränke" aktiviert werden, die Assoziationen wie z.B. „verursacht Rausch" enthalten können. Schemata, die einen höheren Entwicklungsstand aufweisen sind reichhaltiger und komplexer, besser und tiefer organisiert und exakter als schwach entwickelte Schemata und lassen sich deutlich schwieriger durch Kommunikationsmaßnahmen beeinflussen.[352] Im Gegensatz dazu sind

[348] Vgl. im Folgenden Fazio (1990), S. 75 ff.
[349] Vgl. Fishbein/Ajzen (1975).
[350] Vgl. Kroeber-Riel et al. (2009), S. 241 f.
[351] Vgl. im Folgenden Esch (2006), S. 102 f.
[352] Vgl. Esch (2006), S. 92.

Markenschemata unbekannter oder schwacher Marken meist sehr undifferenziert, und inkonsistenten Informationen gegenüber relativ offen.[353]

Sofern Spieler also kein Wissen in Form eines elaborierten Markenschemas über unbekannte Marken besitzen, verfügen sie auch nicht über die nötigen Informationen, um Inkongruenzen zwischen dem Spiel und der Marke zu beurteilen. Basierend auf dieser Erkenntnis davon ausgegangen, dass die negativen Effekte aufgrund von Inkongruenz einer der Fit-Ebenen schwächere Irritationswirkung besitzt (H_{1b}-H_{3b}). Außerdem ist davon auszugehen, dass die unbekannte Marke nicht als reale Marke identifiziert und entsprechend kein kommerzieller Persuasionsversuch unterstellt wird.[354] Dem steht die Annahme gegenüber, dass unbekannte oder fiktive Marken kaum in der Lage sind, zum Realismus des Spiels beizutragen, da sie dem Spieler die Virtualität und Mediation des Spielerlebnisses bewusst machen.[355] Hiernach kann davon ausgegangen werden, dass unbekannte Marken zwar nicht so stark von negativen Effekten der Irritation betroffen sind wie bekannte Marken, aber auch nicht im gleichen Ausmaß zur Verbesserung des Spielerlebnisses in Form von Telepräsenz beitragen können (H_{1a}-H_{3a}).

Weiter ist anzunehmen, dass Spieler bereits vor dem Spielen relativ stabile Einstellungen gegenüber bekannten Marken besitzen.[356] Ist eine Marke dagegen unbekannt, stellt die konkrete Werbemaßnahme die einzige Information dar, welche dem Spieler über die Marke zur Verfügung steht. Entsprechend kann davon ausgegangen werden, dass die Auswirkung einer positiv wahrgenommenen Werbemaßnahme bei unbekannten Marken stärker ausfällt, als bei bekannten Marken. Das bedeutet, dass der Einfluss der Einstellung gegenüber dem Spiel stärker ausfällt als bei bekannten Marken (H_7,H_9), die annahmegemäß auch durch die Markeneinstellung vor Kontakt mit der In-Game Werbemaßnahme beeinflusst werden.[357]
Daraus ergibt sich folgender Zusammenhang H_{11}:

[353] Vgl. Esch (2006), S. 92 f.

[354] Spielentwickler verwenden anstelle realer Marken oft auch sogenannte „Spoofs“, um die Darstellung der Spielwelt realistischer erscheinen zu lassen, ohne dass jedoch echte Markenlogos verwendet würden. Vgl. Nelson et al. (2004), S. 9. So wurde Red Bull in Wipeout XL von den amerikanischen Spielern zunächst als Spoof identifiziert, da Red Bull erst zwei Jahre später in den USA auf den Markt kam. Vgl. Nelson et al. (2004), S. 11.

[355] Vgl. Nelson et al. (2004), S. 9.

[356] Vgl. Mau et al. (2008), S. 833.

[357] Vgl. Machleit/Wilson (1988), S. 28.

H_{11}:	Die im Rahmen des Modells dargestellten Konstruktzusammenhänge unterscheiden sich für bekannte Marken signifikant von denen unbekannter Marken.

Die bisher dargestellten kausalen Konstruktzusammenhänge werden in *Abbildung 7* zur besseren Übersicht nochmals grafisch dargestellt.

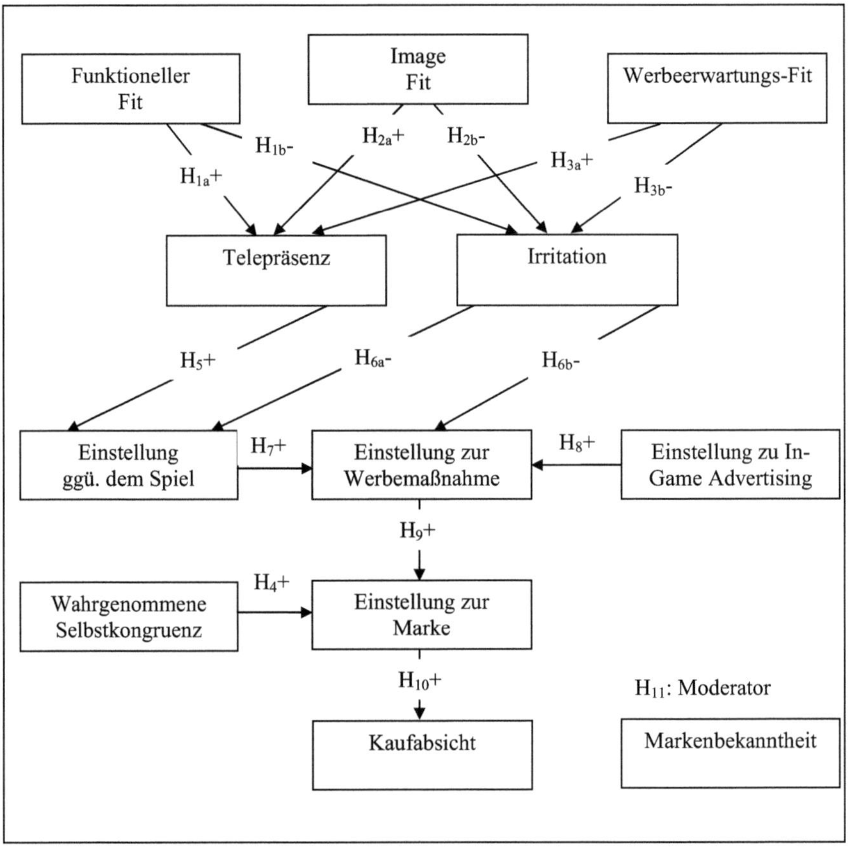

Abbildung 7: Hypothesensystem des Untersuchungsmodells

Des Weiteren können *Tabelle 1* alle postulierten Hypothesen entnommen werden.

Hypothesen	Beschreibung der kausalen Konstruktzusammenhänge
H_{1a}:	Je höher der funktionelle Fit, desto größer ist die vom Spieler wahrgenommene Telepräsenz.
H_{1b}:	Je höher der funktionelle Fit, desto niedriger ist die vom Spieler wahrgenommene Irritation.
H_{2a}:	Je höher der Image-Fit, desto größer ist die vom Spieler wahrgenommene Telepräsenz.
H_{2b}:	Je höher der Image-Fit, desto niedriger ist die vom Spieler wahrgenommene Irritation.
H_{3a}:	Je höher der Werbeerwartungsfit, desto größer ist die vom Spieler wahrgenommene Telepräsenz.
H_{3b}:	Je höher der Werbeerwartungsfit, desto niedriger ist die vom Spieler wahrgenommene Irritation.
H_4:	Je höher die Kongruenz zwischen Markenimage und Selbstkonzept des Spielers, desto positiver ist die Einstellung zur Marke
H_5:	Je stärker die vom Spieler wahrgenommene Telepräsenz, desto positiver wird seine Einstellung zum Spiel ausfallen.
H_{6a}:	Je stärker die vom Spieler wahrgenommene Irritation aufgrund der Werbemaßnahme, desto negativer wird seine Einstellung zum Spiel ausfallen.
H_{6b}:	Je stärker die vom Spieler wahrgenommene Irritation aufgrund der Werbemaßnahme, desto negativer wird er selbiger gegenüber stehen.
H_7:	Je positiver die vom Spieler wahrgenommene Spielerfahrung und damit seine Einstellung zum Spiel ausfällt, desto positiver werden die im Spiel platzierten Werbemaßnahmen wahrgenommen.
H_8:	Je positiver die Einstellung des Spielers zu In-Game Advertising im Allgemeinen, desto besser wird der Spieler der konkreten In-Game Werbemaßnahme gegenüber eingestellt sein.
H_9:	Je positiver die Einstellung des Spielers zur In-Game Werbemaßnahme ist, desto positiver ist die Einstellung gegenüber der beworbenen Marke.
H_{10}:	Je positiver die Einstellung des Spielers zur Marke, desto größer ist seine Bereitschaft Produkte oder Dienstleistungen der Marke zu erwerben.
Moderierende Variable	
H_{11}:	Die im Rahmen des Modells dargestellten Konstruktzusammenhänge unterscheiden sich für bekannte Marken signifikant von denen unbekannter Marken.

Tabelle 1: Überblick über die Hypothesen

4 Empirische Überprüfung der Einstellungswirkungen durch In-Game Advertising

4.1 Zur Auswahl der Schätzmethode

4.1.1 PLS als Strukturgleichungsmodell zur empirischen Überprüfung

Nachdem das Untersuchungsmodell dieser Arbeit theoretisch hergeleitet und Ursache-Wirkungs-Hypothesen postuliert wurden, soll im Folgenden überprüft werden, ob das theoretische Modell auch tatsächlich eine adäquate Abbildung der realen Zusammenhänge darstellt. Hierzu bedarf es eines geeigneten statistischen Erhebungs- und Auswertungsalgorithmus der die Überprüfung eines Beziehungsgeflechts zwischen latenten Variablen gestattet.

Nach *Ohlwein* muss dieses Analyseverfahren prinzipiell vier Voraussetzungen erfüllen, um als geeignet angesehen werden zu können.[358] Es muss zunächst die Analyse kausaler Beziehungen zwischen hypothetischen latenten Konstrukten erlauben und dabei Messfehler explizit berücksichtigen. Des Weiteren sollte das Verfahren in der Lage sein, Beziehungen zwischen Indikatoren darzustellen, welche zur Operationalisierung des interessierenden Konstrukts verwendet wurden sowie eine simultane Überprüfung der aufgestellten Hypothesen erlauben.[359] Da im Rahmen dieses Buches vor allem Kausalbeziehungen zwischen latenten Konstrukten[360] von Interesse sind, fällt die Wahl auf Strukturgleichungsmodelle, da sie die oben angeführten Prämissen erfüllen.[361] Klassische Regressionsanalysen kommen nicht in Frage, da sie zum einen Messfehler nicht explizit berücksichtigen und auch von statistischer Unabhängigkeit der Indikatoren ausgehen. Zudem erlauben Regressionsanalysen nur dann eine simultane Überprüfung aller Hypothesen, wenn es lediglich eine endogene Größe gibt. Mehrstufige Kausalbeziehungen sind somit nicht abbildbar.[362]

Prinzipiell unterscheidet man zwischen varianz- und kovarianzbasierten Strukturgleichungsmodellen. Ob man sich für einen kovarianzbasierten Ansatz (z.B. LISREL,

---

[358] Vgl. Ohlwein (1999).
[359] Vgl. Ohlwein (1999), S. 220 ff.
[360] Die Begriffe Konstrukt, latente Variable und Faktor werden im Folgenden synonym verwendet.
[361] Vgl. Backhaus et al. (2003), S. 335; Vollhardt (2007), S. 122 f.
[362] Vgl. Ohlwein (1999), S. 221 f.

Linear Structural Relationships) oder einen varianzbasierten Ansatz (z.B. PLS, Partial Least Squares) entscheidet, muss jedoch immer vor dem Hintergrund der Fragestellung und der damit verbundenen Zielsetzung gesehen werden.[363] Der Hauptunterschied zwischen beiden Verfahren liegt dabei in den verwendeten Schätzalgorithmen. Kovarianzbasierte Verfahren versuchen die Modellparameter durch eine möglichst genaue Reproduktion der empirischen Kovarianzmatrix der Indikatoren zu schätzen. Da diese Verfahren alle in der Kovarianzmatrix gegebenen Informationen verwerten, werden sie auch als „full-information approaches" bezeichnet.[364] Wichtige Voraussetzung zur Anwendung kovarianzbasierter Verfahren ist die Annahme der Normalverteilung der Ausgangsdaten, damit von der Stichprobe Rückschlüsse auf die Grundgesamtheit gezogen werden können.[365] Allerdings ist negativ festzuhalten, dass kovarianzbasierte Verfahren aufgrund dieser Forderung der Normalverteilung der Ausgangsdaten sehr hohe Stichprobenumfänge voraussetzen, um bei komplexen Hypothesensystemen mit vielen Parametern zu konsistenten und erwartungstreuen Parameterschätzungen zu gelangen.[366] Des Weiteren erlaubt LISREL nur mit Einschränkungen den Einsatz formativer Indikatoren.[367] Kovarianzbasierte Verfahren finden daher in Studien Anwendung, deren Absicht es ist, für ein Gefüge theoretisch fundierter Hypothesen möglichst konsistente Schätzer für eine Grundgesamtheit zu ermitteln.[368]

Im Rahmen einer PLS-Schätzung wird dagegen versucht, die Varianz der Fehlerterme aller abhängigen Variablen zu minimieren.[369] Die Kovarianzen werden dabei nur blockweise verwendet. Der PLS-Algorithmus stützt sich bei der Ermittlung der Zusammenhänge im Strukturmodell lediglich auf über Gewichte errechnete Konstruktwerte, was zwar zu weniger genauen Schätzern führt, allerdings auch eine bessere Prognosegüte aufweist, da hier die Nachbildung der empirischen Datenmatrix interessiert.[370] Auch liegen bei einer PLS-Schätzung keinerlei Annahmen über die Verteilung der Ausgangsdaten vor. Allerding macht das die Anwendung der nicht-parametrischen Resampling-Methoden des Bootstrappings und Jackknifings notwendig, mit deren Hilfe die Verteilung der zum Sample gehörenden Grundgesamtheit geschätzt und so t-Werte errechnet werden können, was das Treffen von

---

[363] Vgl. Huber/Herrmann/Kressmann/Vollhardt (2005), S. 16.
[364] Vgl. Huber et al. (2007), S. 9.
[365] Vgl. im Folgenden Huber et al. (2007), S. 9 ff.
[366] Vgl. Byrne (1998), S. 113; Huber et al. (2007), S. 10.
[367] Vgl. Jarvis/MacKenzie/Podsakoff (2003), S. 213 ff.
[368] Vgl. Chin/Newsted (1999), S. 337.
[369] Vgl. Huber et al. (2007), S. 6.
[370] Vgl. Huber/Herrmann/Kressmann/Vollhardt (2005), S. 12; Huber et al. (2007), S. 10.

Signifikanzaussagen erlaubt.[371] Da die Schätzung der Parameter auf Grundlage einzelner, im Modellzusammenhang zu betrachtender Regressionsgleichungen beruht, kann PLS umfangreiche Modelle bereits mit kleinen Stichprobengrößen schätzen.[372] Allerdings muss die Richtung des kausalen Zusammenhanges zwischen zwei Konstrukten eindeutig bestimmt werden und darf nicht umkehrbar sein.[373] Weitere Vorteile einer PLS-Schätzung liegen in der Tatsache begründet, dass keine identische Verteilung der Residuen verlangt wird und somit Heteroskedastizität vorliegen kann und darüber hinaus sowohl reflektive als auch formative Konstrukte ohne weitere Einschränkungen verwendet werde können.[374]

Da im Rahmen dieser Arbeit ausschließlich latente Konstrukte zur Anwendung kommen, welche sich vor allem dadurch auszeichnen, dass sie sich einer direkten Messung bzw. Beobachtung entziehen,[375] wurde auf die Operationalisierung dieser Konstrukte mittels manifester Indikatoren zurückgegriffen. Diese zeichnen sich dadurch aus, dass sie als unmittelbar messbare Sachverhalte zur Erfassung der zugrundeliegenden, aber nicht direkt beobachtbaren Phänomene, wie z.B. „Einstellungen", verwendet werden können und ihnen so einen empirischen Bezug verleihen.[376] In diesem Zusammenhang muss man zwischen den bereits genannten formativen und reflektiven Indikatorvariablen unterscheiden. Bei reflektiven Indikatoren beeinflusst das zugrunde liegende latente Konstrukt die Ausprägungen der Indikatoren. Die Kausalrichtung läuft also vom Konstrukt zu den Indikatoren.[377] Somit bewirkt eine Änderung des Konstruktwertes gleichzeitig eine Änderung aller Indikatorausprägungen.[378] Reflektive Indikatoren sind i.d.R. hoch miteinander korreliert, gegeneinander austauschbar und können aus messtheoretischer Sicht aus einem reflektiven Messmodell entfernt werden, ohne das zugrunde liegende latente Konstrukt zu verzerren.[379]

---

[371] Vgl. Huber et al. (2007), S. 10. Anzumerken sei noch, dass aufgrund des geringen Standardfehlers das Bootstrapping dem Jackknifing vorzuziehen ist. Vgl. Huber et al. (2007), S. 35.
[372] Vgl. Huber/Herrmann/Kressmann/Vollhardt (2005), S. 12.
[373] Vgl. Huber et al. (2007), S. 11.
[374] Vgl. Chin/Newsted (1999), S. 325 f.
[375] Vgl. Huber/Herrmann/Kressmann/Vollhardt (2005), S. 6.
[376] Vgl. Kroeber-Riel/Weinberg (2003), S. 31.
[377] Vgl. Huber/Herrmann/Kressmann/Vollhardt (2005), S. 20 f.
[378] Vgl. Eggert/Fassott (2003), S. 3 f.
[379] Vgl. Bollen/Lennox (1991), S. 308.

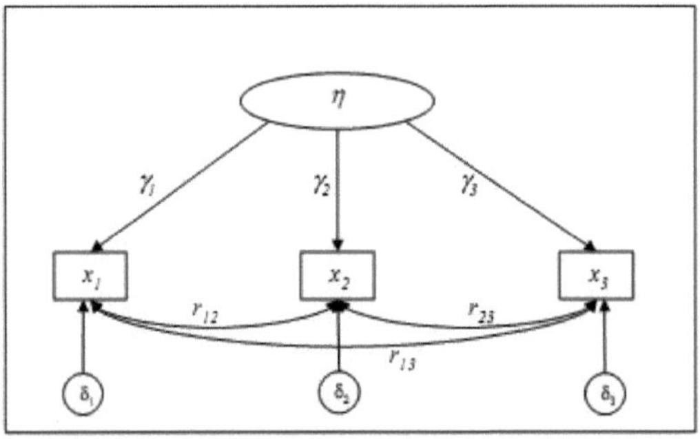

Abbildung 8: Reflektives Messmodell[380]

Bei formativen Indikatoren dagegen verläuft der Kausalzusammenhang von den Indikatoren zum Konstrukt. Jeder Indikator stellt hierbei eine Facette der latenten Variable dar und Veränderungen eines Indikators können eine Manipulation der Faktorausprägung bewirken.[381] Außerdem müssen die Indikatoren nicht miteinander korreliert sein. Im Umkehrschluss bewirkt eine Manipulation der Faktorausprägung allerdings nicht zwangsläufig eine Veränderung der Indikatoren. Aus diesem Grund ist eine Reduktion der formativen Indikatoren nicht möglich, ohne dass das hypothetische Konstrukt somit an Aussagekraft einbüßt.[382]

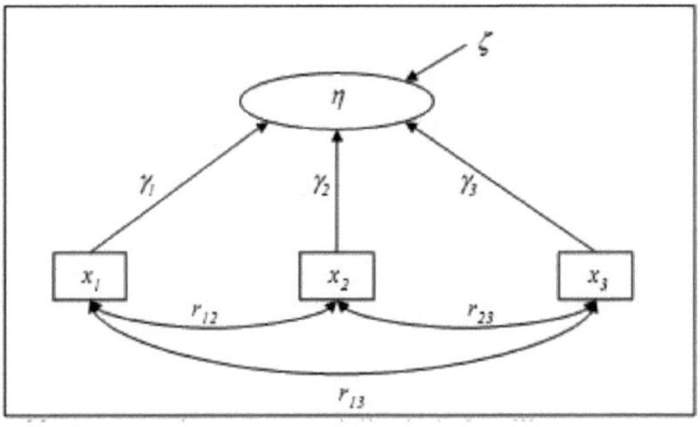

Abbildung 9: Formatives Messmodell[383]

---

[380] Abbildung entnommen aus Eggert/Fassott (2003), S. 4.
[381] Vgl. Eggert/Fassott (2003), S. 3 ff.
[382] Vgl. Bollen/Lennox (1991), S. 308.
[383] Abbildung entnommen aus Eggert/Fassott (2003), S. 3.

Aufgrund der im vorangegangenen Abschnitt dargelegten Stärken und Schwächen varianz- bzw. kovarianzbasierter Verfahren wurde sich für die PLS-Schätzung als geeignete Analysemethode entschieden. Ausschlaggebend für diese Entscheidung ist zum einen die Größe des Modells, welche unter LISREL zu sehr großen Stichprobenanforderungen geführt hätte. Zum anderen handelt es sich bei In-Game Advertising um ein relativ junges Forschungsfeld, weshalb die hier postulierten Hypothesen zum Teil auf Plausibilitätsüberlegungen beruhen, da die Beziehungen zwischen den untersuchten Konstrukten aber auch zwischen den Indikatoren und den Konstrukten nicht von Beginn an klar definiert sind.[384] Darüber hinaus liegt das Ziel des Buches in der Bestimmung des Einflusses kongruenter bzw. inkongruenter In-Game Werbemaßnahmen auf verschiedene intrapersonelle Determinanten sowie der Auswirkungen auf Einstellungen und Kaufabsicht. Die Varianzerklärung der Zielvariablen stellt also ein Anliegen dieser Arbeit dar. Aufgrund dieser Überlegungen sowie der oben erwähnten Prognosegüte einer PLS-Schätzung ist dieses von *Wold* entwickelte Verfahren die geeignete Wahl.[385] Im Folgenden wird daher näher auf zu erfüllende Gütekriterien des Mess- bzw. Strukturmodells eingegangen.

4.1.2 Zu erfüllende Gütekriterien des Mess- und Strukturmodells

Nach der Auswahl eines geeigneten Schätzverfahrens sowie der Berechnung der Modellzusammenhänge, muss im nächsten Schritt eine auf Kriterien basierende Qualitätsbeurteilung der gewonnenen Daten erfolgen, um die Gültigkeit (Validität) und Zuverlässigkeit (Reliabilität) des erstellten Modells bewerten zu können. Dabei richtet sich im Rahmen einer PLS-Analyse der Fokus auf die Mess- und Strukturmodellebene.[386] Grundsätzlich setzt sich ein Strukturgleichungsmodell aus drei Submodellen zusammen. Zum einen dem Strukturmodell, welches die kausalen Beziehungen zwischen den latenten Konstrukten beschreibt und zum anderen den endogenen und exogenen Messmodellen, welche die Beziehungen zwischen den manifesten Indikatorvariablen abhängiger bzw. unabhängiger latenter Konstrukte darstellen.[387]

---

384 Aufgrund der blockweisen Betrachtung der Kovarianzen, hat die Verwendung nicht hinreichend validierter Indikatoren weniger gravierende Auswirkungen auf die Modellschätzung.
385 Für eine genauere Ausführung zum Thema PLS-Analyse wird auf Huber et al. (2007) verwiesen.
386 Vgl. Huber et al. (2007), S. 43.
387 Vgl. Bollen (1989), S. 13 f.

Begonnen wird mit einer Überprüfung auf Messmodellebene. Dabei liegt bei reflektiven Konstrukten das Augenmerk vor allem auf der Höhe der Faktorladungen der einzelnen Indikatoren sowie den t-Werten des Bootstrapsamples, anhand derer eine Signifikanzbeurteilung erfolgt.[388] Die Indikatoren sollten dabei eine Faktorladung von mindestens 0,6 überschreiten, empfehlenswert sind allerdings Ladungen von 0,8 und höher. Somit kann sichergestellt werden, dass mehr als die Hälfte der Varianz durch die latente Variable erklärt wird, so dass die gemeinsame Varianz größer ist als die des Messfehlers.[389] Ursachen für zu niedrige Faktorladungen können dabei auf eine schlechte Formulierung des Items, auf ungeeignete Items oder auf die Übertragung von Items aus einem unpassenden Kontext zurückgehen.[390] Die Signifikanz der gemessenen Faktorladung lässt sich im nächsten Schritt mit Hilfe des t-Wertes bestimmen. Dabei ist darauf zu achten, dass der t-Wert bei reflektiven Konstrukten für ein Signifikanzniveau von 5%, den Wert 1,66 übersteigt, da hier ein einseitiger Test vorliegt (1,29 für ein Signifikanzniveau von 10%). Im formativen Messmodell sind die Faktorladungen irrelevant. Vielmehr sind hier die Indikatorengewichte von Interesse, welche allerdings keinen festen Vorgaben unterliegen. Da es sich hierbei um einen zweiseitigen Test handelt, sollten die t-Werte für ein Niveau von 5% den Wert 1,98 überschreiten (1,66 bei einem Signifikanzniveau von 10%).[391]

Da zur Operationalisierung der Konstrukte i.d.R. mehr als ein Indikator verwendet wird, gilt es ebenfalls die Konvergenzvalidität der reflektiven Konstrukte zu überprüfen. Hierzu bedient man sich der Konvergenzkriterien der Konstruktreliabilität sowie der durchschnittlich erfassten Varianz (DEV),[392] welche einen Wert von 0,8 überschreiten sollte. Akzeptabel sind allerdings auch Werte größer 0,6. Die DEV ist eine Maßzahl dafür, wie groß der durch einen Faktor erklärte Varianzanteil der manifesten Indikatoren in Relation zum nicht erklärten Varianzanteil ist.[393] Die Konstruktreliabilität dagegen verlangt, dass die einem Konstrukt zugeordneten Indikatoren untereinander stark miteinander verbunden sind und auf einem Wertebereich von 0 bis 1 Werte von >0,7 aufweisen.[394] Da bei formativen Messmodellen solche Annahmen über enge Beziehungen zwischen manifesten Indikatoren und latentem

388 Vgl. Hulland (1999), S. 198.
389 Vgl. Hulland (1999), S. 198; Huber et al. (2007), S. 35.
390 Vgl. Hulland (1999), S. 198.
391 Vgl. Huber et al. (2006), S. 126.
392 Vgl. Fornell/Larcker (1981), S. 45.
393 Vgl. Fornell/Cha (1994), S. 69.
394 Vgl. Huber et al. (2007), S. 35.

Konstrukt nicht bestehen, sind diese Konvergenzkriterien für formative Konstrukte nicht zu erheben.[395]

Neben der Konvergenzvalidität, müssen sowohl für reflektive als auch formative Konstrukte noch die Diskriminanzkriterien erfüllt werden. Die Diskriminanzvalidität fordert die Verschiedenheit der Messungen unterschiedlicher Konstrukte mit einem Messinstrument.[396] Für reflektive Konstrukte ist Diskriminanzvalidität gegeben, wenn das Fornell-Larcker-Kriterium erfüllt ist. Dieses besagt, dass die quadrierte Korrelation mit einem anderen Konstrukt die DEV nicht übersteigen darf.[397] Das bedeutet, dass die gemeinsame Varianz zwischen der latenten Variablen und ihren Indikatoren größer ist als die gemeinsame Varianz mit anderen latenten Variablen.[398] Für formative Konstrukte sollten lediglich alle Konstruktkorrelationen kleiner als 0,9 sein.

Als nächstes gilt es, für das reflektive Messmodell die Vorhersagevalidität mittels Stone-Geissers Q^2 zu überprüfen.[399] Stone-Geissers Q^2 gibt einen Hinweis darauf, inwiefern eine Rekonstruktion der latenten Konstrukte durch ihre Indikatoren möglich ist.[400] Dabei sollte der Wert die kritische Grenze von 0 überschreiten, damit angenommen werden kann, dass das Modell Vorhersagerelevanz besitzt.[401] Abschließend muss das reflektive Messmodell auf Unidimensionalität hin überprüft werden. Unidimensionalität liegt dann vor, wenn die zur Operationalisierung eines latenten Konstrukts verwendeten reflektiven Indikatoren auch tatsächlich auf dieses Konstrukt laden und keinem anderen zugeordnet werden können. Um dies zu Überprüfen bedient man sich der Faktorenanalyse. Das Ergebnis sollte zeigen dass alle ein gemeinsames Konstrukt messenden Indikatoren eine Ladung von >0,6 aufweisen und die Ladung auf andere Faktoren sollte idealerweise kleiner 0,1 sein.[402] Desweiteren sollten alle Indikatoren einen Faktor beschreiben und alle Faktoren abgedeckt sein.

---

[395] Vgl. Krafft/Götz/Liehr-Gobbers (2005), S. 76.
[396] Vgl. Krafft/Götz/Liehr-Gobbers (2005), S. 74.
[397] Vgl. Fornell/Cha (1994), S. 69.
[398] Vgl. Huber/Herrmann/Kressmann/Vollhardt (2005), S. 32.
[399] Vgl. Fornell/Bookstein (1982), S. 450.
[400] Vgl. Huber et al. (2007), S. 37.
[401] Vgl. Fornell/Cha (1994), S. 73.
[402] Da es sich bei PLS um ein varianzbasiertes Verfahren handelt, wird die gefundene Faktorlösung mittels einer Varimax-Rotation berechnet.

Für das formative Messmodell gilt es außerdem noch die Multikollinearität zu ermitteln. Perfekte Multikollinearität liegt dabei vor, wenn die Indikatoren eines formativen Konstruktes durch die anderen Indikatoren exakt vorhergesagt werden können. Da allerdings die Annahme zugrunde liegt, dass die Indikatoren im formativen Messmodell voneinander unabhängige Dimensionen des latenten Konstrukts darstellen, sollte dieser Fall allerdings nicht eintreten. Zur Erfassung von Multikollinearität dient der "Variance Inflation Factor" (VIF), welcher einen Wert kleiner 10 annehmen sollte, damit Multikollinearität ausgeschlossen werden kann.[403]

Nachdem im ersten Schritt die Prüfung der Gütekriterien auf Messmodellebene durchgeführt wurde, kann im nächsten Schritt eine Überprüfung auf Strukturmodellebene erfolgen. Hier bildet die Überprüfung der kausalen Beziehungen zwischen den Modellkonstrukten den Fokus des Interesses. Hierzu werden die Höhe der Strukturparameter sowie deren Signifikanz in Augenschein genommen, um daraus Rückschlüsse auf die Annahme oder Ablehnung von Hypothesen zu ziehen. Da ein zweiseitiger t-Test zugrunde liegt, sollten die t-Werte für ein Signifikanzniveau von 5% einen Wert von 1,98 überschreiten, für ein Niveau von 10% gilt eine Hypothese ab einem Wert von 1,66 als angenommen. Darüber hinaus sollten die Pfadkoeffizienten den Wert 0,1 überschreiten. Ein weiteres Kriterium stellt die erklärte Varianz R^2 dar, die beschreibt wie viel Varianz durch die endogenen Konstrukte des Modells erklärt werden kann. Sie sollte einen Wert >0,3 annehmen. Desweiteren gilt es, die Multikollinearität und Vorhersagevalidität auf Strukturmodellebene zu überprüfen. Die Multikollinearität auf Strukturmodellebene misst allerdings die Beziehung zwischen den, einem endogenen Konstrukt kausal vorgelagerten, Konstrukten (Prädiktoren).[404] Auch hier sollte ein Konstrukt nicht durch die anderen Konstrukte vorhergesagt werden können. Die Erfassung erfolgt hier ebenfalls über den VIF, der Werte kleiner 10 annehmen sollte, damit Multikollinearität ausgeschlossen werden kann.[405] Die Vorhersagevalidität auf Strukturmodellebene wird für endogene reflektive Konstrukte mittels Stone-Geissers Q^2 ermittelt,[406] welches ebenfalls Werte größer 0 annehmen sollte, damit dem Modell Vorhersagerelevanz zugeschrieben wird. Allerdings findet hier im Gegensatz zur

---

[403] Vgl. Huber et al. (2007), S. 39.
[404] Vgl. Huber et al. (2007), S. 43.
[405] Vgl. Huber et al. (2007), S. 43.
[406] Vgl. Fornell/Cha (1994), S. 72 f.; Fornell/Bookstein (1982), S. 450.

Messmodellebene keine Betrachtung der Kommunalitäten, sondern der Redundanz statt.[407] In *Tabelle 2* werden die Gütekriterien auf Mess- und Strukturmodellebene nochmals übersichtlich zusammengefasst.

Kriterien für Messmodell	**Reflektives Messmodell**	**Formatives Messmodell**
Gewichte	Irrelevant	(keine Vorgabe)
Ladung	Größer 0,70	Irrelevant
t-Wert	Einseitig > 1,66	Zweiseitig > 1,98
Multikollinearität	(nicht möglich)	Variance Inflation Factor (VIF) < 10
Vorhersagevalidität	Stone-Geissers Q^2 (Kommunalität) > 0	(nicht möglich)
Unidimensionalität	Höhe und Korrelation der Residuen Kreuzladungen	(nicht möglich)
Konvergenz **DEV** **Konstruktreliabilität**	> 0,60 > 0,70	(nicht möglich) (nicht möglich)
Diskriminanz	Fornell-Larcker-Kriterium	Konstrukt-Korrelationen< 0,9
Kriterien für Strukturmodell		
Strukturparameter	(keine Vorgabe)	
t-Wert	Zweiseitig > 1,98	
R^2	> 0,30	
Multikollinearität	Variance Inflation Factor < 10	
Vorhersagevalidität (bzgl. endogener reflektiver Konstrukte)	Stone-Geissers Q^2 (Redundanz) > 0	

Tabelle 2: Überblick über die Gütekriterien auf Mess- und Strukturmodellebene[408]

4.2 Zum Aufbau der empirischen Untersuchung

4.2.1 Erhebungsdesign und Fragebogenkonzeption

Das Ziel dieser Studie besteht darin, Einstellungswirkungen im Rahmen von In-Game Advertising kausalanalytisch zu untersuchen. Zur Analyse postulierten Beziehungen zwischen den latenten Konstrukten bedarf es jedoch zunächst der Schaffung einer Datengrundlage, die die Ausgangsbasis der Analyse darstellt. Ein Blick in die Literatur zeigt, dass im Rahmen der

407 Vgl. Chin (1998), S. 318.
408 Tabelle in Anlehnung an Huber et al. (2007), S. 45.

Marktforschung grundsätzlich zwei Quellen zur Informationsgewinnung unterschieden werden: Primär- bzw. Sekundärmarktforschung. Bei der Sekundärmarktforschung handelt es sich um die Auswertung von bereits für eine andere Studie erhobenen Daten. Die Primärmarktforschung dagegen bezeichnet die gezielte Erhebung von aktuellen Daten für den spezifischen Untersuchungsgegenstand.[409] Aufgrund der wenigen Forschungsarbeiten zum In Game-Advertising hat es sich als notwendig erwiesen, eine Primärmarktforschung für die konkreten Fragestellungen zu initiieren. Bei der Befragung wurde auf offene Fragen verzichtet, d.h. mögliche Antwortmöglichkeiten waren vorgegeben, was die Beantwortung des Fragebogens erleichtern sollte sowie die Vergleichbarkeit der Ergebnisse gewährleistet. Im konkreten Fall kam ferner die die 7-Punkt Likert-Skala zur Anwendung,[410] wobei anstatt der Beantwortung eines Items sich die Probanden mit sogenannter Itembatterie konfrontiert sahen. Die Messinventare bestehen aus mehreren Skalenfragen, die die Probanden auf einer Ratingskala beurteilen. Die Einstufung dabei also nicht durch den Probanden selbst, indem er sich für eine Ausprägung eines Single-Items entscheidet, sondern wird nachträglich durch Addition der Multiple-Items der Itembatterie ermittelt.[411] Die Skala umfasste 7 Abstufungen, wobei die inhaltlichen Extrempunkte mit „stimme überhaupt nicht zu“ (1) bis „stimme vollkommen zu“ (7) beschriftet wurden. Auf eine „ich weiß nicht“-Kategorie wurde verzichtet, um unreflektiertes Überspringen von Items zu vermeiden.

Der Aufbau des Online-Fragebogens gestaltete sich wie folgt: Nach einem kurzem Einleitungstext, in dessen Rahmen der Anlass der Untersuchung aufgezeigt wurde, sahen sich die Probanden ein kurzes Video zum Spiel „Die Sims 3 – Late Night“ an.[412] Ziel war es, die Probanden auf den folgenden Fragebogen einzustimmen, Interesse zu erzeugen und die Visualisierung des Spiels sowie des dargestellten Inhaltes zu erleichtern. Im Anschluss daran erfolgte die Präsentation eines Bildstimulus, der einen Screenshot des vorangegangenen Videos zeigte, welcher nachträglich mittels der Bildbearbeitungssoftware Photoshop CS4 mit einer In-Game Werbemaßnahme versehen wurde. Ergänzend zu dem Bildstimulus konnten die Befragten einen kurzen Begleittext lesen. Dieser sollte als Bezugsrahmen für die Werbemaßnahme dienen sowie den Probanden das Hineinversetzen in die Thematik

---

409 Vgl. Meffert (2000), S. 145.

410 Vgl. Berekoven/Eckert/Ellenrieder (1999), S. 73.

411 Vgl. Berekoven/Eckert/Ellenrieder (1999), S. 76 und S. 80.

412 Link zum Video: http://www.youtube.com/watch?v=SnQge1b2Hfc&feature=player_embedded. Aufruf am: 06.09.2010

erleichtern. Im Anschluss daran erfolgte die Beantwortung der Itembatterien sowie soziodemographischer Fragen.

Die Entscheidung, die Einstellungswirkungen von In-Game Advertising für das Spiel „Die Sims 3 – Late Night“ zu untersuchen, fiel vor allem vor dem Hintergrund der weiten Verbreitung und großen Beliebtheit der Spiele aus der Sims-Reihe, welches mit 125 Millionen weltweit verkauften Exemplaren zu den am meistverkauften Spiel-Serien aller Zeiten zählt.[413]

Die Serie der Sims-Spiele liegt nun bereits in seiner 3. Auflage vor, wobei die unzähligen Add-ons[414] nicht mit einberechnet werden. Darüber hinaus erscheint das Spiel auf verschiedenen Plattformen: PC (Windows), MAC OS X, Xbox360, Sony Playstation3, Nintendo DS und Nintendo Wii. Es existieren aber auch sogenannte Apps, die für Mobil-Telefone, wie z.B. dem Apple iPhone verfügbar sind. Somit ist eine weite Verbreitung und Bekanntheit des Spiels gewährleistet.

Es sprechen allerdings noch eine Reihe weiterer Argumente für „Die Sims“ als geeignetes Spiel. Zum einen sind mit „Die Sims 2 – Ikea Home Stuff“ und „Die Sims 2 – H&M Fashion Accessoires“ bereits zwei Erweiterungen erschienen, welche offenkundig In-Game Werbung sowie Product Placements enthalten. Von diesem Standpunkt aus gesehen stellt die Praxis des In-Game Advertisings für die Spieler von „Die Sims“ also keine Neuheit dar. Das Ziel des Spiels besteht im Prinzip darin, sich einen oder mehrere Sims, die virtuellen Charaktere des Spiels, zu erstellen und durch den Alltag zu führen. Prinzipiell muss der Spieler die verschiedenen Bedürfnisse seiner Sims, z.B. nach Freizeit, Komfort, Nahrung oder Schlaf befriedigen. Dies umfasst neben der Einrichtung einer Wohnung auch den Konsum von Produkten wie z.B. Getränken, womit der Spielraum für Product Placements geschaffen wird. Mit dem Erscheinen des aktuellen Teils der Serie „Die Sims 3“ hat Electronic Arts (EA) einen Sims-Store eingerichtet, der neben dem Erwerb neuer Kleidung u.a. auch Markenartikel

[413] Vgl. PCgames (2009).
[414] Add-ons sind kostenpflichtige Erweiterungen eines Hauptspiels, welche diese um neue Inhalte erweitern.

enthält.[415] So können die Nutzer über den Sims-Store z.B. Kühlschränke mit einem Fanta-Branding herunterladen.[416]

Das im konkreten Zusammenhang verwendete Add-on „Die Sims 3 – Late Night“, erweitert das Spiel um einige Elemente, die im thematischen Zusammenhang von Partys und Nachtleben zu sehen sind. Das im Fragebogen eingebundene Video stellt dieses ebenfalls offensichtlich dar. Da neben den generellen Wirkungsmechanismen der In-Game Werbemaßnahme vor allem der moderierende Einfluss der Markenbekanntheit von Interesse war, fiel die Entscheidung für die In-Game Werbemaßnahme zugunsten Bacardi Razz als bekannte und auf Purista Mojito als unbekannte Marke. Purista Mojito ist ein Aroma-Konzentrat, welches als Barkeeper-Bedarf eher nicht an den Endkunden vertrieben wird, was die geringe Bekanntheit des Produkts bei den Probanden sicherstellen soll. Bei beiden Marken handelt es sich um real existierende Produkte, die typischerweise im Rahmen des im Spiel dargestellten Kontextes genutzt werden.

Zur Absicherung der Annahme unterschiedlicher Bekanntheitswerte wurde jedoch noch eine zusätzliche Itembatterie integriert. Generell wurde die moderierende Wirkung in Form eines between-subject Designs realisiert, d.h. nach der Weiterleitung zum Fragebogen über den versendeten Link wurden die Probanden automatisch dem Fragebogen mit dem Bacardi Razz Stimulus oder dem Purista Mojito Stimulus zugeordnet. So ist die Unabhängigkeit der Messungen gewährleistet, da die Probanden nicht durch den jeweils anderen Stimulus eine Beeinflussung erfuhren.

Darüber hinaus wurden die Marken auf zwei Arten integriert. Zum einen sah der Proband eine Billboard Werbung, zum anderen wurde der Shaker, den der Barkeeper in der Originalszene in der Hand hielt, durch eine Flasche der jeweiligen Marke ersetzt. So wurde beiden Integrationsformen Rechnung getragen. Die verwendeten Screenshots mit In-Game Werbemaßnahme zeigen die nachfolgenden *Abbildung 10* (Bacardi Razz) und *Abbildung 11* (Purista Mojito).

[415] Vgl. Electronic Arts (o.J.a).
[416] Vgl. Electronic Arts (o.J.b).

Abbildung 10: Darstellung des verwendeten Bildstimulus für Bacardi Razz[417]

Abbildung 11: Darstellung des verwendeten Bildstimulus für Purista Mojito[418]

[417] Quelle: Eigene Darstellung.
[418] Quelle: Eigene Darstellung.

4.2.2 Erhebung der Daten und Deskriptive Auswertung

Die Befragung fand online in diversen Spiele-Foren statt.[419] Dieses Vorgehen erscheint zielführend, da die Haupt-Zielgruppe dieser Untersuchung, Männer zwischen 18 und 34 Jahren, aber auch PC-Spieler allgemein, einen Großteil ihrer Freizeit online vor dem PC verbringen. Des Weiteren wird aufgrund der Komplexität des Modells eine ausreichend große Stichprobe vorausgesetzt, was ebenfalls für die Online-Befragung spricht, da so mit geringen Kosten eine große Anzahl potentieller Probanden erreicht werden kann. Die Stichprobe repräsentiert ein Convenience Sample. Um die Aussagekraft der erhobenen Daten zu gewährleisten, wurde darauf geachtet, den Link in Foren zu platzieren, deren thematischer Fokus auf Videospielen oder aber auch insbesondere auf dem Spiel „Die Sims" lag. Um eine nachträgliche Überprüfung der Spielerfahrung zu gewährleisten, wurde darüber hinaus im deskriptiven Teil nochmals explizit danach gefragt, ob die Probanden bereits einen Teil aus der Sims-Reihe gespielt haben. Der Erhebungszeitraum erstreckte sich vom 8. September 2010 bis 7. Dezember 2010. Insgesamt füllten 330 Probanden den Fragebogen vollständig aus. Davon entfallen 184 Fragebögen auf den Fragebogen mit der Bacardi-Werbung und 146 auf den Fragebogen mit der Purista Mojito-Werbung. *Tabelle 3* zeigt die Verteilung der deskriptiven Merkmale in der Gesamtstichprobein der Übersicht.

Merkmal	**Merkmalsausprägung**	**Häufigkeiten**	
		absolut	**relativ**
Geschlecht	männlich	119	36,06%
	weiblich	211	63,94%
Alter	< 20 Jahre	58	17,76%
	20-25 Jahre	177	53,64%
	26-30 Jahre	60	18,18%
	31-45 Jahre	25	7,76%
	46-50 Jahre	6	1,82%
	51-55 Jahre	4	1,21%
	56-60 Jahre	0	0%
	> 60 Jahre	0	0%
Beruf	Schüler	34	10,30%
	Azubi	36	10,90%
	Student	170	51,52%
	Arbeiter	6	1,82%
	Angestellter	65	19,7%
	Selbstständig	12	3,64%
	arbeitssuchend	7	2,12%

Tabelle 3: Überblick über die Häufigkeiten der deskriptiven Merkmale der gesamten Stichprobe

[419] Eine Liste der verwendeten Foren findet sich unter Internetquellen.

Ergänzend zu den Soziodemographika erfolgt die Auswertung ausgewählter spielerbezogenen Attribute. Wie *Tabelle 4* zu entnehmen ist, zeigt ein Überblick zu diesen Kriterien, dass ca. 90% der Befragten bereits einen Teil der Sims-Reihe gespielt hat. Damit kann gewährleistet werden, dass die hier verwendete Stichprobe durchaus dazu in der Lage ist, die Werbeplatzierung im Spiel „Die Sims 3 – Late Night“ differenziert zu beurteilen. Darüber hinaus deuten auch die anderen Angaben darauf hin, dass Computer- und Videospiele Einzug in deutsche Wohnzimmer gehalten haben. So geben 93,33% der Gesamt-Stichprobe an, einen spielfähigen PC zu besitzen, bei den "Unreachables" sind es 92,17%. Lediglich 2,12% bzw. 1,74% geben an, weder einen spielfähigen PC noch irgendeine Art von Konsole zu besitzen.

Merkmal	Merkmalsausprägung	Häufigkeiten	
		absolut	relativ
„Die Sims“ bereits gespielt	ja	264	80%
	nein	66	20%
Spiel-Plattform	Spielfähiger PC	308	93,33%
	Sony Playstation 3	42	12,73%
	Microsoft Xbox 360	26	7,89%
	Nintendo Wii	76	23,03%
	Sony Playstation 2	71	21,52%
	Sony Playstation Portable	14	4,24%
	Nintendo DS	64	19,39%
	Sonstiges	70	21,21%
	Ich besitze keinen PC/Konsole	7	2,12%
Ausgaben	<50 € p.M.	169	51,21%
	50 bis 100 € p.M.	95	28,79%
	100 bis 200 € p.M.	49	14,85%
	>200 € p.M.	17	5,15%
Spielhäufigkeit	< 1-mal p.M.	84	25,45%
	1 bis 2-mal p.M.	60	18,18%
	1 bis 2-mal p.W.	122	36,97%
	täglich	64	19,39%
Spieldauer	< 30 min	51	15,45%
	30-60 min.	66	20%
	1-2 h	124	37,58%
	>2h	89	26,97%

Tabelle 4: Darstellung der Häufigkeitsverteilungen spielerfahrungsbezogener Attribute

Da für vorliegende Arbeit vor allem die Gruppe der sogenannten „Unreachables“ von besonderem Interesse sind, sind die Daten für diese Zielgruppe der nachfolgenden Tabelle gesondert zu entnehmen (*Tabelle 5*). Im Gegensatz zum Gesamtsample zeigen die „Unreachables“ eine häufigere Spieldauer und -häufigkeit.

Merkmal	Merkmalsausprägung	Häufigkeiten	
		absolut	relativ
„Die Sims" bereits gespielt	ja	90	78,26%
	nein	25	21,74%
Spiel-Plattform	Spielfähiger PC	106	92,17%
	Sony Playstation 3	24	20,87%
	Microsoft Xbox 360	14	12,17%
	Nintendo Wii	21	18,26%
	Sony Playstation 2	26	24,35%
	Sony Playstation Portable	12	10,44%
	Nintendo DS	17	14,78%
	Sonstiges	26	24,35%
	Ich besitze keinen PC/Konsole	2	1,74%
Ausgaben	<50 € p.M.	38	33,04%
	50 bis 100 € p.M.	38	33,04%
	100 bis 200 € p.M.	30	26,09%
	>200 € p.M.	9	7,83%
Spielhäufigkeit	< 1-mal p.M.	17	14,78%
	1 bis 2-mal p.M.	17	14,78%
	1 bis 2-mal p.W.	45	39,13%
	täglich	36	31,30%
Spieldauer	< 30 min	7	6,09%
	30-60 min.	22	19,13%
	1-2 h	51	44,35%
	>2h	35	30,44%

Tabelle 5: Überblick der Häufigkeit der spielerfahrungsbezogenen Attribute bei den Unreachables

Auch die Angaben bezüglich der Spielhäufigkeit und –dauer deuten auf eine relativregelmäßige Nutzung des Mediums Computer- und Videospiele hin. 36,97% der Gesamt-Stichprobe und 39,13% der „Unreachables" geben an, zwischen 1 und 2-mal pro Woche Videospiele zu spielen. 19,39% bzw. 31,30% gaben sogar an, täglich zu spielen, was wiederum die intensivere Nutzung des Mediums unter Männern zwischen 18 und 34 aufzeigt. Auch hinsichtlich der Dauer zeigt sich der gleiche Trend. 37,58% der Gesamt-Stichprobe und 44,35% unter den „Unreachables" geben an, zwischen 1 und 2 Stunden ununterbrochen zu spielen. 26,97% der Gesamt-Stichprobe und 30,44% der „Unreachables" spielen laut eigener Aussage sogar mehr als 2 Stunden am Stück. Damit ist die in Kapitel 2.3.2 aufgezeigte Forderung nach häufiger Wiederholung des Werbestimulus einer In-Game Werbemaßnahme zur emotionalen Konditionierung bzw. des impliziten Lernens gewährleistet.

4.3 Operationalisierung der zu untersuchenden Modellkonstrukte

4.3.1 Vorgehensweise der Konstruktoperationalisierung

Im nächsten Schritt der Untersuchung soll das entwickelte Modell bzw. das postulierte Hypothesengeflecht einer Überprüfung an der Realität unterzogen werden. Um die postulierten Kausalzusammenhänge überhaupt überprüfbar zu machen, ist es notwendig, die latenten Konstrukte durch manifeste Indikatoren mess- bzw. beobachtbar zu machen.[420] Daher steht die Identifikation geeigneter Indikatoren zur Repräsentation der latenten Konstrukte im Mittelpunktder Operationalisierungsbemühungen. Bei der Auswahl der Indikatoren erfolgt wenn möglich der Rückgriff auf bereits empirisch überprüfte Items. Da es bisher allerdings nur wenige Untersuchungen zum Thema In-Game Advertising gibt, wurden einige Messmodelle aus anderen, themenverwandten Forschungsfeldern auf den konkreten Sachverhalt übertragen und entsprechend an die Spezifika der konkreten Fragestellung adaptiert.

4.3.2 Funktioneller Fit

Bei der Operationalisierung des funktionellen Fits erfolgt der Rückgriff auf die Studie von *Gwinner/Eaton*.[421] Diese untersuchen eine Reihe verschiedener Events und Sponsoren, wobei zwischen einer Image-basierten Ähnlichkeit, einer funktionellen Ähnlichkeit und gar keiner Ähnlichkeit unterschieden wird. Die Aufgabe der Probanden bestand darin, den Fit zwischen Event und Marke im Hinblick auf die Ähnlichkeit zu beurteilen. Aufgrund der Vielfalt der untersuchten Events wie z.B. einem Beach-Volleyball Turnier, dem Indianapolis 500 Autorennen oder einem Fußballturnier, ist die Übertragbarkeit auf die thematische Vielfalt im Rahmen von Computer- und Videospielen plausibel. Adaptiert man also die Operationalisierung des funktionellen Fits auf das Forschungsfeld In-Game Advertising, nimmt das Spiel die Rolle des Events ein, welches durch eine oder mehrere Marken gesponsert wird. Aufgrund der guten Anwendbarkeit der Itembatterie auf das spezifische Themenfeld der vorliegenden Untersuchung, wurden im Vorfeld der Erhebung keinerlei Items aus der Batterie entfernt. Da jedes Item eine Abbildung der Konstruktausprägung darstellt, ist von einem reflektiven Messmodell auszugehen, was die nachträgliche Elimination von Items erlaubt.

---

[420] Vgl. Henkel/Huber (2005), S. 122.
[421] Vgl. Gwinner/Eaton (1999), S. 50.

Das Messmodell besteht grundsätzlich aus drei Items zur Operationalisierung des Konstrukts, wobei das dritte eine reverse Kodierung aufweist. Zur Beurteilung der Güte der Operationalisierung dienen ausgewählte Gütekriterien auf Mess- und Strukturmodellebene. Die Überprüfung der Faktorladungen sowie deren Signifikanz erfüllten zunächst die Gütekriterien. Bei der Überprüfung der Unidimensionalität lud Item FFit2 mit einer Ladung von 0,693 auf einen anderen Faktor der rotierten Komponentenmatrix, wohingegen zu FFit1 (0,707) und FFit3 (0,512) auf einen Faktor luden. Die Elimination von FFit2 führte allerdings dazu, dass FFit1 und FFit3 ebenfalls nicht mehr die Forderung nach Unidimensionalität der Items erfüllte. Hiernach wurde mit dem FFit3 zunächst das Item mit der geringsten Faktorladung der rotierten Komponentenmatrix (0,512) aus dem Modell entfernt. Da FFit1 und FFit2 ebenfalls das Unidimensionalitätskriterium nicht erfüllten, wurde das Item FFit1 aufgrund der niedrigeren Faktorladung von 0,665 daraufhin ebenfalls aus dem Modell entfernt. So erfolgt die Erfassung des Konstrukts ausschließlich durch das Item FFit2. *Tabelle 6* und *7*geben Aufschluss über die Erfüllung der Gütekriterien der finalen Itembatterie, wobei zu beachten ist, dass der Wert von 0 für Stone-Geissers Q^2 auf die Tatsache zurückzuführen ist, dass das Konstrukt lediglich durch einen Faktor operationalisiert wird.

Item	**Faktorladung**	**t-Wert**
FFit1: Ich halte es für wahrscheinlich, dass Bacardi Razz/Purista Mojito im dargestellten Zusammenhang von „Die Sims 3“, genutzt wird.	1	0
FFit2: Ich habe bereits mehrfach gesehen, dass Bacardi Razz/Purista Mojito im in „Die Sims 3“ dargestellten Zusammenhang genutzt wird.	eliminiert	
FFit3: Die im Spiel „Die Sims 3“ dargestellten Personen würden den Verzehr von Bacardi Razz/Purista Mojito nicht in Erwägung ziehen.	eliminiert	
Erhebung mittels einer 7-stufigen Likert-Skala von „stimme überhaupt nicht zu“ bis „stimme vollkommen zu		

Tabelle 6: Operationalisierung des Konstrukts "Funktioneller Fit"

Gütekriterien auf Messmodellebene	
Konvergenzkriterien:	
DEV	1
Konstruktreliabilität	1
Diskriminanzvalidität:	
Fornell-Larcker-Kriterium	erfüllt
Vorhersagevalidität:	
Stone-Geissers-Q^2 (Kommunalität)	0
Unidimensionalität	erfüllt

Tabelle 7: Gütekriterien auf Messmodellebene für das Konstrukt "Funktioneller Fit"

4.3.3 Image Fit

Auch bei der Operationalisierung des Image-Fits dient die Arbeit von *Gwinner/Eaton* als Grundlage.[422] *Gwinner/Eaton* verwenden in ihrer Studie folgende Items:

- „The (event name) and (brand name) have a similar image"
- „The ideas I associate with (brand name) are related to the ideas I associate with the (event name)"
- „My image of the (event name) is very different from the image I have of (brand name)"

Die Itembatterie wurde ins Deutsche übersetzt und auf den Themenschwerpunkt der interessierenden Studie angepasst. Hierzu wurde lediglich der Eventname mit dem Namen des Spiels ersetzt und der entsprechende Markenname eingesetzt. Analog zur Operationalisierung des funktionellen Fits wird ebenfalls eine Operationalisierung in reflektiver Form unterstellt. *Tabelle 8* gibt einen Überblick über die Formulierung sowie Faktorladungen und t-Werte der verwendeten Itembatterie für das latente Konstrukt des Image-Fits.

Item	Faktorladung	t-Wert
ImFit1: Das Spiel „Die Sims 3" und Bacardi Razz/Purista Mojito haben das gleiche Image.	0,8535	33,3435
ImFit2: Die Ideen, die ich mit Bacardi Razz/Purista Mojito assoziiere, weisen einen Bezug zu den Ideen auf, die ich mit „Die Sims 3" bzw. mit dem im Spiel dargestellten Zusammenhang assoziiere.	0,8800	56,3689
ImFit3: Das durch das Spiel „Die Sims 3" vermittelte Image unterscheidet sich stark vom Image, dass ich mit Bacardi Razz/Purista Mojito verbinde.	0,8816	49,7307
Erhebung mittels einer 7-stufigen Likert-Skala von „stimme überhaupt nicht zu" bis „stimme vollkommen zu		

Tabelle 8: Operationalisierung des Konstrukts "Image Fit"

Wie die Darstellung in *Tabelle 8* zeigt, erfüllen alle Indikatoren die Anforderungen an Faktorladung und Signifikanz. Auch die Konvergenzvalidität, Diskriminanzvalidität sowie die Unidimensionalität werden durch die Operationalisierung erfüllt. Die Vorhersage der Items durch das Konstrukt kann anhand eines Stone-Geissers-Q^2 in Höhe von 0,4924 ebenfalls bestätigt werden. Siehe hierzu *Tabelle 9*.

[422] Vgl. Gwinner/Eaton (1999), S. 50.

Gütekriterien auf Messmodellebene	
Konvergenzkriterien:	
DEV	0,760
Konstruktreliabilität	0,905
Diskriminanzvalidität:	
Fornell-Larcker-Kriterium	erfüllt
Vorhersagevalidität:	
Stone-Geissers-Q^2 (Kommunalität)	0,4924
Unidimensionalität	erfüllt

Tabelle 9: Gütekriterien auf Messmodellebene für das Konstrukt „Image Fit"

4.3.4 Werbeerwartungs-Fit

Da bisher keine Arbeiten zum Thema In-Game Advertising vorliegen, die auf die hier vorgestellte Art und Weise zwischen verschiedenen Fit-Dimensionen unterscheiden, erscheint das Zurückgreifen auf Operationalisierungen aus verwandten Forschungsfeldern sinnvoll. Geeignet zur Operationalisierung des Werbeerwartungs-Fits erscheint eine von *Ellen/Bone* verwendete Item-Batterie. Die Autoren beschäftigen sich mit dem Einfluss kommunikationsevozierter innerer Bilder auf die Einstellung zur Werbemaßnahme, Markeneinstellung und Kaufabsicht.[423] Dabei verwenden sie zur Beurteilung der Plausibilität einer dargestellten Szene eine sechs Items umfassende Itembatterie mit den Ausprägungen:

- unusual
- probable
- unique
- inconceivable
- bizarre
- ridiculous

Entsprechend wurden die oben aufgelisteten Items ins Deutsche übersetzt und in einen kurzen Satz integriert. Da jedes Item eine Abbildung des latenten Konstrukts darstellt, wird darüber hinaus ein reflektiver Zusammenhang zwischen den Items und dem latenten Konstrukt zugrunde gelegt. Eine Überprüfung der Konvergenzkriterien zeigt, dass AdFit3 mit einer Faktorladung von 0,1997 die Anforderung von > 0,6 nicht erfüllt. Daher wurde das Item aus dem Messmodell entfernt. Die nachfolgende Überprüfung auf Unidimensionalität zeigte, dass alle Items auf denselben Faktor laden, mit Ausnahme von AdFit6 (Ladung 0,482). Da das

[423] Vgl. Ellen/Bone (1992), S. 99.

kritische Niveau jedoch bei 0,6 liegt und hohe Kreuzladungen mit anderen Faktoren das Resultat waren, wurde das Item aus dem Messmodell entfernt. *Tabelle 10* gibt einen Überblick über die Operationalisierung sowie Angaben zu den Faktorladungen und t-Werten.

Item	Faktorladung	t-Wert
AdFit1: Dass Bacardi Razz/Purista Mojito in dem im Spiel "Die Sims 3" dargestellten Zusammenhang wirbt, halte ich für ungewöhnlich.	0,8085	33,604
AdFit2: Dass Bacardi Razz/Purista Mojito in dem im Spiel "Die Sims 3" dargestellten Zusammenhang wirbt, halte ich für wahrscheinlich.	0,8358	44,8462
AdFit3: Dass Bacardi Razz/Purista Mojito in dem im Spiel "Die Sims 3" dargestellten Zusammenhang wirbt, halte ich für einzigartig.	eliminiert	
AdFit4: Dass Bacardi Razz/Purista Mojito in dem im Spiel "Die Sims 3" dargestellten Zusammenhang wirbt, halte ich für undenkbar.	0,8551	54,6246
AdFit5: Dass Bacardi Razz/Purista Mojito in dem im Spiel "Die Sims 3" dargestellten Zusammenhang wirbt, halte ich für bizarr.	0,8253	39,9656
AdFit6: Dass Bacardi Razz/Purista Mojito in dem im Spiel "Die Sims 3" dargestellten Zusammenhang wirbt, halte ich für lächerlich.	eliminiert	
Erhebung mittels einer 7-stufigen Likert-Skala von „stimme überhaupt nicht zu" bis „stimme vollkommen zu		

Tabelle 10: Operationalisierung des Konstrukts „Werbeerwartungs-Fit"

Die Konstruktreliabilität des Messmodells wird mit 0,899 ausgewiesen und zeigt somit zufriedenstellende Werte auf. Die durchschnittlich erfasste Varianz nimmt den Wert 0,691 an, was ebenfalls als zufriedenstellend anzusehen ist. Damit sind die Konvergenzkriterien erfüllt.

Gütekriterien auf Messmodellebene	
Konvergenzkriterien:	
DEV	0,691
Konstruktreliabilität	0,899
Diskriminanzvalidität:	
Fornell-Larcker-Kriterium	erfüllt
Vorhersagevalidität:	
Stone-Geissers-Q^2 (Kommunalität)	0,4763
Unidimensionalität	erfüllt

Tabelle 11: Gütekriterien auf Messmodellebene für das Konstrukt "Werbeerwartungs-Fit"

Da die Prüfung des Fornell-Larcker-Kriteriums ebenfalls zufriedenstellende Werte ergibt, kann auch die Diskriminanzvalidität als gegeben angesehen werden. Die Berechnung von Stone-Geissers Q^2 zeigt einen Wert von 0,4759 und überschreitet damit die kritische Grenze von 0, womit auch Vorhersagevalidität gewährleistet ist. *Tabelle 11* stellt die ermittelten Ergebnisse in übersichtlicher Form dar.

4.3.5 Telepräsenz

Der weit verbreitetste Ansatz zur Operationalisierung des Konstrukts Telepräsenz findet sich in einer Studie von *Kim/Bioccia*, die Telepräsenz anhand einer Acht-Itembatterie ermitteln.[424] Dabei konnten zwei Telepräsenzdimensionen faktoranalytisch belegt werden, zum einen „arrival", also das Gefühl in einer virtuellen Welt präsent zu sein und „departure", dem Gefühl in der realen Welt nicht mehr anwesend zu sein.

Besagtes Messmodell erfuhr 2001 eine Adaption durch *Coyle/Thorson*, die die Itembatterie im Zusammenhang von Webseiten verwendeten. Eine Faktorenanalyse zeigte, dass alle Items auf einen Faktor luden, weshalb alle Items in einer Itembatterie zum Einsatz kamen.[425] *Nelson et al.* verwendeten im Zusammenhang von In-Game Advertising ebenfalls die Operationalisierung von *Kim/Biocca*, kamen allerdings auch zu dem Ergebnis, dass zwei Dimensionen zu unterscheiden sind.[426]

Da die einzelnen Items die Ausprägung des zugrundeliegenden Faktors widerspiegeln und diesen somit vollständig repräsentieren, wird von einem reflektiven Zusammenhang ausgegangen, was die Elimination von Indikatoren gestattet.[427] Aus inhaltlichen Überlegungen wurden daher einige Items nicht mit in das Messmodell aufgenommen. Das Item „While I was in the XYZ website, I sometimes forgot that I was in the middle of an experiment" wurde nicht verwendet, zumal auch *Nelson et al.* das Item aufgrund niedriger Faktorladungen nicht berücksichtigten.[428] Darüber hinaus wurde das Item „While I was in this site, my mind was in the room, not in the World crated by XYZ" ebenfalls nicht berücksichtigt, da es lediglich eine negative Formulierung des Items Tele5 darstellt. Auch das

---

[424] Vgl. Kim/Biocca (1997) zitiert aus: Coyle/Thorson (2001), S. 71.
[425] Vgl. Coyle/Thorson (2001), S. 71.
[426] Vgl. Nelson et al.(2006), S. 92.
[427] Vgl. Huber et al. (2007), S. 4.
[428] Vgl. Nelson et al. (2006), S. 92.

Item „The world generated by XYZ seemed to me only „something I saw", rather than „something where I visited" wurde aufgrund der schlechten Übertragbarkeit auf In-Game Advertising nicht in das Messinstrumentarium aufgenommen.

Eine Analyse der Faktorladungen und Signifikanzen der einzelnen Items ergibt keine Hinweise, dass Items zu entfernen sind. Allerdings zeigt die Überprüfung der Unidimensionalität, dass das Item Tele1mit einer Ladung von 0,389 nur einen schwachen Zusammenhang mit dem Faktor vorweist. Tele1 findet deshalb in der Analyse keine Berücksichtigung. Alle verbleibenden Items laden final auf einen Faktor, was die Ergebnisse von *Coyle/Thorson* bestätigt. Außerdem weisen auch *Nelson et al.* nur für die Arrival-Dimension signifikante Effekte auf die Einstellung zum Spiel auf.[429] Entsprechend erscheint die hier zur Anwendung gebrachte, auf die Arrival-Dimension beschränkte, Operationalisierung gerechtfertigt. *Tabelle 12* gibt einen Überblick über die verwendeten Items.

Item	**Faktorladung**	**t-Wert**
Tele1: "Die Sims 3" schafft für mich eine neue Wirklichkeit, die verschwindet, sobald ich das Spiel beende.	eliminiert	
Tele2: Nach dem Beenden von "Die Sims 3" fühle ich mich, als würde ich von einer langen Reise in die Realität zurückkehren.	0,7887	22,8431
Tele3: Die simulierte Welt von "Die Sims 3" erscheint mir während des Spielens wirklicher als die reale Welt.	0,8191	26,4687
Tele4: Während des Spielens von "Die Sims 3" fühle ich mich, als wäre ichtatsächlich in der virtuellen Welt des Spiels anwesend.	0,8506	40,2152
Tele5: Während des Spielens von "Die Sims 3" ist mein Körper zwar im Raum, mental bin ich aber in der Spielwelt anwesend.	0,7753	20,2882
Erhebung mittels einer 7-stufigen Likert-Skala von „stimme überhaupt nicht zu" bis „stimme vollkommen zu		

Tabelle 12: Operationalisierung des Konstrukts "Telepräsenz"

Alle weiteren Gütekriterien auf Messmodellebene, wie die Konvergenzkriterien, die Diskriminanzvalidität und die Unidimensionalität wurden ebenfalls erfüllt. *Tabelle 13* zeigt eine Zusammenschau der angeführten Gütemaße.

429 Vgl. Nelson et al. (2006), S. 93 f.

Gütekriterien auf Messmodellebene	
Konvergenzkriterien:	
DEV	0,654
Konstruktreliabilität	0,883
Diskriminanzvalidität:	
Fornell-Larcker-Kriterium	erfüllt
Vorhersagevalidität:	
Stone-Geissers-Q^2 (Kommunalität)	0,4186
Unidimensionalität	erfüllt

Tabelle 13: Gütekriterien auf Messmodellebene für das Konstrukt "Telepräsenz“

4.3.6 Irritation

Zur Messung der Irritation, ausgelöst durch eine In-Game Werbemaßnahe, findet eine Itembatterie aus der Forschungsarbeit von *Fennis/Bakker* Verwendung.[430] Die Studie bezieht sich dabei u.a. auf die von *Aaker/Bruzzone* aufgezeigten Ursachen der Irritation, ergänzt dazu allerdings, dass neben der Gestaltung der Werbemaßnahme auch individuelle Faktoren Einfluss auf die Wahrnehmung einer Werbemaßnahme nehmen.[431] Auch wenn sich die Items auf eine Werbeunterbrechung eines Fernsehprogramms beziehen und damit eigentlich die Irritation aufgrund einer erzwungenen Pause eines Unterhaltungsprogramms abzielen, erscheint die Anwendung dieser Itembatterie unter Berücksichtigung einiger kleiner Anpassungen, durchaus geeignet. Folgende Items bildeten die ursprüngliche Operationalisierung[432]:

- I found the commercials quite annoying
- I found the commercials quite irritating
- I was bored by the commercials
- The commercials were bothersome to me
- The commercials constituted a pleasant break from the program
- The commercials distracted unpleasantly from the program
- The commercials formed a troublesome, irritation interference with the program

Aufgrund des Umstandes, dass In-Game Werbemaßnahmen ursächlich keine direkte Unterbrechung des Unterhaltungsmediums darstellen, sondern eher eine Beeinträchtigung, wurden die Items 5 und 7 aus dem Messmodell entfernt. Bei den restlichen Statements erfolgte eine Anpassung an das Untersuchungsobjekt. Da eine Änderung des Konstruktwerts

430 .Vgl. Fennis/Bakker (2001), S. 19 f.
431 Vgl. Fennis/Bakker (2001), S. 17.
432 Vgl. Fennis/Bakker (2001), S. 19.

eine Manipulation der Indikatorausprägungen nach sich zieht, wird im Folgenden von einer reflektiven Operationalisierung ausgegangen.[433] Die Überprüfung der Faktorladungen und der DEV erbringt keine Hinweise auf zu entfernende Indikatoren. Auch die Überprüfung der Daten bezüglich Konvergenz sowie Diskriminanz- und Vorhersagevalidität deutet nicht auf die Notwendigkeit zur Faktoreliminierung hin. Erst die Analyse hinsichtlich des Unidimensionalitätskriteriums zeigt, dass I_IGA2, mit 0,529 eine zu geringe Faktorladung besitzt. Dies führt zur Elimination, was zu einer Verbesserung der DEV führt. *Tabelle 14* gibt einen Überblick über die Faktorladungen und Signifikanzwerte des Messinventars. *Tabelle 15* zeigt einen Überblick über die Gütekriterien auf Messmodellebene.

Item	**Faktorladung**	**t-Wert**
IIGA1: Die Werbemaßnahme von Bacardi Razz/Purista Mojito im Spiel "Die Sims 3" hat mich geärgert.	0,8851	70,0892
IIGA2: Die Werbemaßnahme von Bacardi Razz/Purista Mojito im Spiel "Die Sims 3" hat mich irritiert.	eliminiert	
IIGA3: Die Werbemaßnahme von Bacardi Razz/Purista Mojito im Spiel "Die Sims 3" hat mich gelangweilt.	0,7174	15,8610
IIGA4: Die Werbemaßnahme von Bacardi Razz/Purista Mojito im Spiel "Die Sims 3" war mir lästig.	0,9318	95,9307
IIGA5: Die Werbemaßnahme von Bacardi Razz/Purista Mojito im Spiel "Die Sims 3" hat mich unangenehm vom Spiel abgelenkt.	0,7919	24,7254
Erhebung mittels einer 7-stufigen Likert-Skala von „stimme überhaupt nicht zu“ bis „stimme vollkommen zu		

Tabelle 14: Operationalisierung des Konstrukts "Irritation"

Gütekriterien auf Messmodellebene	
Konvergenzkriterien:	
DEV	0,698
Konstruktreliabilität	0,902
Diskriminanzvalidität:	
Fornell-Larcker-Kriterium	erfüllt
Vorhersagevalidität:	
Stone-Geissers-Q^2 (Kommunalität)	0,500
Unidimensionalität	erfüllt

Tabelle 15: Gütekriterien auf Messmodellebene für das Konstrukt "Irritation"

433 Vgl. Huber et al. (2007), S. 4.

4.3.7 Einstellung zum Spiel

Zur Messung der Einstellung gegenüber dem Spiel wird auf ein Messinventar nach *Gross* zurückgegriffen.[434] *Gross* verwendete diese Operationalisierung zur Messung der Einstellung gegenüber einem Advergame. Aufgrund der unmittelbaren thematischen Nähe erscheint eine Übertragung auf den vorliegenden Inhalt uneingeschränkt möglich. Von den folgenden sechs bipolaren Adjektivpaaren wurde jeweils die positive Ausprägung verwendet und in Form einer 7-Punkt Likert Skala erhoben.

- appealing/unappealing
- pleasant/unpleasant
- dynamic/dull
- attractive/unattractive
- enjoyable/not enjoyable
- refreshing/depressing

Da die Indikatoren Facetten des Konstruktes repräsentieren, ist von einem reflektiven Messmodell auszugehen. Daher ist die Elimination von Indikatoren prinzipiell unproblematisch.[435] Das Messinventar erzielt sehr gute Ergebnisse auf Messmodellebene. Die Konstruktreliabilität liegt bei 0,973, die DEV erreicht einen Wert von 0,859 und liegt damit deutlich über der Mindestanforderung von 0,6. Hiernach können die Konvergenzkriterien als erfüllt betrachtet werden.

Auch die Faktorladungen liegen bei mindestens 0,8961. Die t-Werte nehmen Mindestwerte von 61,7739 an, liegen jedoch größtenteils oberhalb von 100. Auch die Überprüfung der Unidimensionalität bringt zufriedenstellende Ergebnisse. So laden alle Indikatoren mit einer Faktorladung von mindestens 0,888 auf Faktor 1 der rotierten Komponentenmatrix und weisen kaum Kreuzladungen mit anderen Faktoren auf. Ebenso werden das Fornell-Larcker Kriterium und die Anforderungen an Stone-Geissers Q^2 erfüllt. *Tabelle 16* gibt einen Überblick über die Faktoroperationalisierung sowie über die Faktorladungen und t-Werte der einzelnen Indikatoren. *Tabelle 17* stellt die verbleibenden Gütekriterien nochmals zusammenfassend dar.

---

[434] Vgl. Gross (2010), S. 5; Yoon/Bolls/Lang (1998), S. 105.
[435] Vgl. Huber et al. (2007), S. 4.

Item	Faktorladung	t-Wert
AGame1:Ich finde das Spiel "Die Sims 3" ansprechend.	0,9393	101,8304
AGame2: Ich finde das Spiel "Die Sims 3" angenehm.	0,9433	106,7074
AGame3: Ich finde das Spiel "Die Sims 3" dynamisch.	0,8961	61,7739
AGame4: Ich finde das Spiel "Die Sims 3" attraktiv.	0,9491	124,8644
AGame5: Ich finde das Spiel "Die Sims 3" spaßig.	0,9200	72,0428
AGame6: Ich finde das Spiel "Die Sims 3" erfrischend.	0,9120	71,7590
Erhebung mittels einer 7-stufigen Likert-Skala von „stimme überhaupt nicht zu" bis „stimme vollkommen zu		

Tabelle 16: Operationalisierung des Konstrukts "Einstellung zum Spiel"

Gütekriterien auf Messmodellebene	
Konvergenzkriterien:	
DEV	0,859
Konstruktreliabilität	0,973
Diskriminanzvalidität:	
Fornell-Larcker-Kriterium	erfüllt
Vorhersagevalidität:	
Stone-Geissers-Q^2 (Kommunalität)	0,7710
Unidimensionalität	erfüllt

Tabelle 17: Gütekriterien auf Messmodellebene für das Konstrukt "Einstellung zum Spiel"

4.3.8 Einstellung zu In-Game Advertising

Zur Messung der Einstellung des Probanden in Bezug auf In-Game Advertising kommt das in einer Studie von *Nelson et al.* angewandte Messinventar zur Anwendung.[436] Ursprünglich stammt das Messmodell von *Gould/Gupta,* welche damit die Einstellung zu Product Placement in Filmen erhoben.[437] *Nelson et al.* verwendeten die Operationalisierung und übertrugen sie in den thematischen Kontext von In-Game Advertising. Einer ungehinderten Anwendung auf den vorliegenden Zusammenhang steht daher nichts im entgegen. Da davon auszugehen ist, dass sich die Antworten auf die einzelnen Indikatoren mit der generellen Einstellung zu In-Game Werbung ändern, die Kausalrichtung also vom Konstrukt zu den Indikatoren verläuft und jeder Indikator damit eine Abbildung des latenten Konstrukts darstellt, ist die Modellierung des Zusammenhangs in reflektiver Form angebracht.

Mit einer Konstruktreliabilität von 0,932 sowie einer durchschnittlich erfassten Varianz von 0,695 erfüllt dieses Messmodell die Mindestanforderungen der Konvergenzkriterien. Auch die Faktorladungen und t-Werte liegen im akzeptablen Bereich. Das Fornell-Larcker

[436] Vgl. Nelson et al. (2004), S. 20.

[437] Vgl. Gould/Gupta (1997), S. 44 f.

Kriterium wird ebenso erfüllt, womit auch die Diskriminanzvalidität gewährleistet wird. Darüber hinaus liegt Stone-Geissers Q^2 bei 0,5451 und überschreitet die kritische Grenze von 0, womit auch die Vorhersagevalidität auf Messmodellebene erfüllt ist. Das Unidimensionalitätskriterium liefert allerdings keine zufriedenstellenden Ergebnisse, da die Indikatoren des Konstrukts die Einstellung zur konkreten Werbemaßnahme ebenso wie die Indikatoren der Einstellung zu In-Game Advertising auf den zweiten Faktor der rotierten Komponentenmatrix laden. Dies ist unter Berücksichtigung der engen kausalen Beziehungen zwischen beiden Konstrukten nicht weiter verwunderlich. Unter Berücksichtigung des Umstandes, dass sämtliche Kriterien, abgesehen von der Unidimensionalität, vor allem aber das Kriterium der Diskriminanzvalidität, erfüllt werden, kann davon ausgegangen werden, dass sich die Konstrukte ausreichend diskriminieren sowie reliable und valide Daten liefern. Die Indikatoren A_IGA1 und A_IGA6 wurden revers kodiert mit dem Ziel, unreflektiertes oder schematisches Antwortverhalten der Probanden identifizieren zu können und evtl. diese Probanden aus der Befragung zu eliminieren. Allerdings weist der Faktor A_IGA6 mit 0,596 eine zu geringe Faktorladung auf. Durch die Elimination verbessert sich die DEV des Konstrukts von 0,667 auf 0,695. *Tabelle 18* gibt Überblick über die Formulierung der Indikatoren und über die Faktorladungen und t-Werte. *Tabelle 19* stellt die zu erfüllenden Gütekriterien auf Messmodellebene nochmals zur Übersicht dar.

Item	**Faktorladung**	**t-Wert**
AIga1: Ich mag es nicht, wenn Markenprodukte für kommerzielle Zwecke in Spielen platziert werden.	0,8297	29,1425
AIga2: Es macht mir nichts aus, dass Markenprodukte in Spielen platziert werden, solange sie nicht unrealistisch wirken.	0,8564	52,7222
AIga3: Ich bevorzuge es, reale statt fiktive Marken in Spielen zu sehen.	0,8384	30,0537
AIga4: In Spielen sollten real existierende statt fiktive Marken verwendet werden.	0,8683	45,5751
AIga5: Durch die Präsenz von Markenprodukten wirkt ein Spiel realistischer.	0,7648	27,7988
AIga6: Generell bevorzuge ich Spiele ohne In-Game Werbung gegenüber solchen mit In-Game Werbung.	eliminiert	
AIga7: Es macht mir nichts aus, wenn Markenprodukte in Spielen erscheinen.	0,8387	36,9656
Erhebung mittels einer 7-stufigen Likert-Skala von „stimme überhaupt nicht zu" bis „stimme vollkommen zu		

Tabelle 18: Operationalisierung des Konstrukts "Einstellung zu In-Game Advertising"

Gütekriterien auf Messmodellebene	
Konvergenzkriterien:	
DEV	0,695
Konstruktreliabilität	0,932
Diskriminanzvalidität:	
Fornell-Larcker-Kriterium	erfüllt
Vorhersagevalidität:	
Stone-Geissers-Q^2 (Kommunalität)	0,7710
Unidimensionalität	nicht erfüllt

Tabelle 19: Gütekriterien auf Messmodellebene des Konstrukts "Einstellung zu In-Game Advertising"

4.3.9 Einstellung zur Werbemaßnahme

Nachdem mit dem Konstrukt Einstellung zu In-Game Advertising die Einstellung der Probanden zu Werbung in Computer- und Videospielen im Allgemeinen abgebildet wird, liegt das Augenmerk nachfolgend auf den konkreten Werbemaßnahmen von Bacardi Razz und Purista Mojito im Speziellen. Das verwendete Messmodell stammt aus einer Studie von *Sujan/Bettman,* die zur Erfassung des Konstrukts ein siebenstufiges semantisches Differential verwenden, welches folgende bipolare Adjektivpaare umfasst[438]:

- good/bad
- favorable/unfavorable
- positive/negative

Diese Adjektivpaare bilden die Grundlage für das vorliegende Messmodell dieser Arbeit. Eine Anwendung auf das Themenfeld In-Game Advertising scheint vor allem vor dem Hintergrund gerechtfertigt, dass diese Operationalisierung bereits in anderen Studien zu diesem Thema Anwendung fand.[439] Es ergeben sich folgende Indikatorformulierungen:

Item	Faktorladung	t-Wert
AAD1: Die In-Game Werbemaßnahme von Bacardi Razz im Spiel "Die Sims 3" finde ich positiv.	0,9631	151,3211
AAD2: Die In-Game Werbemaßnahme von Bacardi Razz im Spiel "Die Sims 3" finde ich vorteilhaft.	0,9576	69,0004
AAD3: Die In-Game Werbemaßnahme von Bacardi Razz im Spiel "Die Sims 3" finde ich gut.	0,9548	149,6896
Erhebung mittels einer 7-stufigen Likert-Skala von „stimme überhaupt nicht zu“ bis „stimme vollkommen zu		

Tabelle 20: Operationalisierung des Konstrukts "Einstellung zur In-Game Werbemaßnahme“

[438] Vgl. Sujan/Bettman (1989), S. 458.
[439] Vgl. Huber et al.(2009), S. 87 f.

Da die Ausprägung des zugeordneten Konstrukts die Indikatoren beeinflusst, die kausale Richtung also vom Konstrukt zu den Variablen verläuft, ist auch hier von einer reflektiven Operationalisierung auszugehen. Wie *Tabelle 21 zu* entnehmen ist, werden die Kriterien der Konvergenzvalidität, Diskriminanzvalidität und Vorhersagevalidität erfüllt. Wie bereits im vorangegangenen Kapitel beschrieben, laden sowohl die Einstellung zu In-Game Advertising als auch die Einstellung zur konkreten In-Game Werbemaßnahme auf denselben Faktor der rotierten Komponentenmatrix. Da allerdings auch hier alle sonstigen Kriterien der Messmodellebene mit zufriedenstellenden Ergebnissen erfüllt wurden, kann ebenfalls davon ausgegangen werden, dass das Messinstrument reliable und valide Daten für die zugrunde liegende Fragestellung liefert.

Gütekriterien auf Messmodellebene	
Konvergenzkriterien:	
DEV	0,909
Konstruktreliabilität	0,968
Diskriminanzvalidität:	
Fornell-Larcker-Kriterium	erfüllt
Vorhersagevalidität:	
Stone-Geissers-Q^2 (Kommunalität)	0,7458
Unidimensionalität	nicht erfüllt

Tabelle 21: Gütekriterien auf Messmodellebene für das Konstrukt "Einstellung zur In-Game Werbemaßnahme"

4.3.10 Einstellung zur Marke

Grundsätzlich lässt sich die Messung von Einstellungen gegenüber einem Einstellungsobjekt, hier also der Marke, in drei Ansätze unterteilen.[440] Eine Methode erfasst Einstellungen allgemein, mittels Items wie „Meine Einstellung ist positiv".[441] Diese Form der Messung von Einstellungen wird auch im Rahmen dieser Arbeit zur Anwendung gebracht.

Dazu kommt das in *Huber et al.* verwendete Messinstrumentarium zum Einsatz, die damit jeweils die Einstellung zum Sponsor und zum Gesponserten erhoben haben.[442] Da man die Marke, hier Bacardi Razz bzw. Purista Mojito, in gewisser Weise als Sponsor des Spiels betrachten kann, zumal i.d.R. auch Zahlungen vom Markenanbieter zu den Spielentwicklern

[440] Vgl. Huber et al. (2005), S. 24.
[441] Vgl. MacKenzie/Lutz (1989), S. 58; Petty/Cacioppo/Schuhmann (1983), S. 140.
[442] Vgl. Huber et al. (2005), S. 24 f.

fließen, worüber sich die Spieler durchaus auch im Klaren sind,[443] erscheint die Anwendung der Itembatterie im Rahmen von In-Game Advertising gerechtfertigt.

Auch hier wird ein reflektiver Zusammenhang zwischen dem latenten Konstrukt und den Faktoren zu dessen Operationalisierung unterstellt. Eine Übersicht über die verwendeten Items sowie deren Faktorladungen und Signifikanzen kann *Tabelle 22* entnommen werden.

Item	Faktorladung	t-Wert
A_B1: Ich finde Bacardi Razz/Purista Mojito gut.	0,9572	161,3205
A_B2: Ich stehe Bacardi Razz/Purista Mojito wohlwollend gegenüber.	0,9576	135,1747
A_B3: Meine Meinung über Bacardi Razz/Purista Mojito ist nicht sehr vorteilhaft.	eliminiert	
A_B4: Mir ist Bacardi Razz/Purista Mojito sympathisch.	0,9548	149,6896
A_B5: Ich habe eine negative Einstellung zu Bacardi Razz/Purista Mojito.	eliminiert	
Erhebung mittels einer 7-stufigen Likert-Skala von „stimme überhaupt nicht zu" bis „stimme vollkommen zu		

Tabelle 22: Operationalisierung des Konstrukts "Einstellung zur Marke"

Aufgrund einer Faktorladung von lediglich 0,6418 findet das Item A_B3 keine Berücksichtigung in der Studie. Dies trifft auch auf das Item A_B5 zu, welches nicht der Forderung nach Unidimensionalität gerecht wird. Die Eliminierung der Faktoren führt so zu einer deutlichen Verbesserung der DEV von 0,693 auf 0,915. Die Konstruktreliabilität liegt bei 0,970, womit die Konvergenzvalidität gewährleistet ist. Das Fornell-Larcker Kriterium und Stone-Geissers Q^2 erfüllen ebenso die Anforderungen. *Tabelle 23* stellt die Werte der Konvergenzvalidität und Diskriminanzvalidität sowie Vorhersagevalidität und Unidimensionalität nochmals übersichtlich dar.

Gütekriterien auf Messmodellebene	
Konvergenzkriterien:	
DEV	0,915
Konstruktreliabilität	0,970
Diskriminanzvalidität:	
Fornell-Larcker-Kriterium	erfüllt
Vorhersagevalidität:	
Stone-Geissers-Q^2 (Kommunalität)	0,7542
Unidimensionalität	erfüllt

Tabelle 23: Gütekriterien auf Messmodellebene des Konstrukts "Einstellung zur Marke"

443 Vgl. Nelson et al. (2004), S. 19.

4.3.11 Selbstkongruenz

Die Messung des Konstrukts der Selbstkongruenz geht auf einen Ansatz von *Appiah* zurück, der damit die Ähnlichkeit zwischen dem Konsumenten und einem Schauspieler oder Model in einer Werbemaßnahme erfasst hat.[444] *Appiah* selbst bezieht sich dabei auf *Whittler* bzw. *Whittler/DiMeo* als Quelle der Skala.[445] *Whittler/DiMeo* untersuchten in ihrer Studie den Einfluss von Vorurteilen auf die Wahrnehmung der Glaubwürdigkeit einer Werbebotschaft, sofern diese durch einen Kommunikator vermittelt wurde, welcher nicht von gleicher Hautfarbe wie der Konsument war.[446] Da die Werbemaßnahmen in Computer- und Videospielen oftmals mehrere Charaktere darstellt, welche gemeinsam mit den beworbenen Produkten präsentiert werden, kann davon ausgegangen werden, dass diese Charaktere oder eben Prominente etc. eine Testimonialfunktion erfüllen und somit eine Vergleichsgrundlage für die Selbstwahrnehmung bilden.

Da jedes der folgenden Items eine eigene Facette der Übereinstimmung zwischen der eigenen Wahrnehmung und der Wahrnehmung des Bezugscharakters darstellt, ist davon auszugehen, dass aus einer Änderung in den Indikatorausprägungen auch eine Änderung des Konstruktwertes resultiert. Der kausale Zusammenhang verläuft also von den Indikatoren zum Konstrukt und ist somit formativer Natur, was das Entfernen von Indikatoren problematisch gestaltet. *Tabelle 24* zeigt die verwendeten Items sowie deren Gewichte und t-Werte.

Item		Gewicht	t-Wert
Self1:	Ich bin den in "Die Sims 3" dargestellten Personen hinsichtlich meines Lebensstils sehr ähnlich.	0,3183	11,0729
Self2:	Ich bin den in "Die Sims 3" dargestellten Personen hinsichtlich meines kulturellen Hintergrunds sehr ähnlich.	0,3031	8,6669
Self3:	Ich bin den in "Die Sims 3" dargestellten Personen hinsichtlich meines Kleidungsstils sehr ähnlich	0,1364	3,5124
Self4:	Ich bin den in "Die Sims 3" dargestellten Personen hinsichtlich meiner äußeren Erscheinung sehr ähnlich.	0,2680	9,7428
Self5:	Ich bin den in "Die Sims 3" dargestellten Personen hinsichtlich meiner inneren Werteinstellung sehr ähnlich.	0,1750	4,7557
Erhebung mittels einer 7-stufigen Likert-Skala von „stimme überhaupt nicht zu“ bis „stimme vollkommen zu			

Tabelle 24: Operationalisierung des Konstrukts "Selbstkongruenz“

[444] Vgl. Appiah (2001), S. 14.
[445] Vgl. Whittler (1989), S. 57; Whittler/DiMeo (1991), S. 40.
[446] Vgl. Whittler/DiMeo (1991).

Da es sich hier um eine formative Operationalisierung handelt, sind die Kriterien der Konvergenz- und Vorhersagevalidität sowie der Unidimensionalität nicht zu berücksichtigen. Stattdessen sind die Diskriminanzvalidität und die Multikollinearität von Interesse. Die Konstruktkorrelationen liegen alle unterhalb des kritischen Werts von 0,9, womit die Diskriminanzvalidität erfüllt ist. Des Weiteren sind alle gemessenen Werte des Variance Inflation Factors (VIF) kleiner als der kritische Wert von 10, womit belegt ist, dass keine Multikollinearität vorliegt.

4.3.12 Kaufabsicht

Die Kaufabsicht bildet die Zielgröße dieser Studie. Hier wird zur Messung des latenten Konstrukts die relativ weit verbreitete Operationalisierung nach *MacKenzie/Lutz/Belch* zugrundegelegt, die auf folgende bipolare Adjektivpaare zurückgriffen:[447]

- likely/unlikely
- possible/impossible
- probable/improbable

Dabei wurde auch hier die jeweils positive Ausprägung verwendet, ins Deutsche übersetzt und mittels einer 7-Punkt Likert-Ratingskala abgefragt. Da es sich bei Bacardi Razz und Purista Mojito um eher niedrigpreisige Produkte handelt, müssen keine zusätzlichen Restriktionen wie z.B. unzureichende finanzielle Mittel in der Einleitung der Fragestellung berücksichtigt werden.[448] Aufgrund der allgemeinen Anwendbarkeit dieser Operationalisierung der Kaufabsicht steht der Anwendung auf die aktuelle Fragestellung nichts im Wege. Zudem ist davon auszugehen, dass ein reflektiver Zusammenhang vorliegt, das Konstrukt also die Indikatorausprägungen beeinflusst.

Item		Faktorladung	t-Wert
BI1:	Dass ich mir Produkte von Bacardi kaufe halte ich für wahrscheinlich.	0,9274	86,9164
BI2:	Ich halte es für ausgeschlossen, dass ich mir Produkte von Bacardi kaufe.	0,8524	37,6846
BI3:	Voraussichtlich werde ich mir mal Produkte von Bacardi kaufen.	0,9276	93,8383
Erhebung mittels einer 7-stufigen Likert-Skala von „stimme überhaupt nicht zu" bis „stimme vollkommen zu			

Tabelle 25: Operationalisierung des Konstrukts "Kaufabsicht"

[447] Vgl. MacKenzie/Lutz/Belch (1986), S. 134 f.

[448] Vgl. Huber et al. (2005), S. 25 f.

Die Faktorladungen und t-Werte der verwendeten Items zeigt *Tabelle 25*. Mit einer DEV von 0,816 und einer Konstruktreliabilität von 0,930 sind die Anforderungen an die Konvergenzvalidität gewährleistet. Auch das für reflektive Konstrukte verwendete Fornell-Larcker Kriterium und damit die Diskriminanzvalidität werden erfüllt. Stone-Geissers Q^2 nimmt den Wert 0,5893 an, womit der kritische Wert von 0 überschritten und die Vorhersagevalidität sichergestellt ist. Das Unidimensionalitätskriterium wird ebenso erfüllt. *Tabelle 26* stellt die Ergebnisse der Gütekriterien auf Messmodellebene nochmals aggregiert dar.

Gütekriterien auf Messmodellebene	
Konvergenzkriterien: DEV Konstruktreliabilität	 0,816 0,930
Diskriminanzvalidität: Fornell-Larcker-Kriterium	 erfüllt
Vorhersagevalidität: Stone-Geissers-Q^2 (Kommunalität)	 0,5893
Unidimensionalität	erfüllt

Tabelle 26: Gütekriterien auf Messmodellebene für das Konstrukt "Kaufabsicht"

4.3.13 Markenbekanntheit als moderierende Variable

Zur Überprüfung der Markenbekanntheit von Bacardi Razz und Purista Mojito diente eine 7-Punkt Ratingskala, die bereits bei *Simonin/Ruth* zum Einsatz kommt.[449] Die Autoren verwendeten dabei allerdings ein semantisches Differential mit den Extrempunkten:

- familiar/unfamiliar
- recognized/did not recognize
- had heard of/had not heard of

Item	**Cronbachs α=0,94**
BI1: Bacardi Razz/Purista Mojito ist mir bekannt.	
BI2: Ich habe Bacardi Razz/Purista Mojito bereits gesehen bzw. bemerkt.	
BI3: Ich habe bereits von Bacardi Razz/Purista Mojito gehört.	
Erhebung mittels einer 7-stufigen Likert-Skala von „stimme überhaupt nicht zu“ bis „stimme vollkommen zu	

Tabelle 27: Operationalisierung des Konstrukts "Markenbekanntheit"

[449] Vgl. Simonin/Ruth (1998), S. 35.

Abbildung 12 und *Abbildung 13* geben einen Überblick über die Markenbekanntheit von Bacardi Razz bzw. Purista Mojito[450].

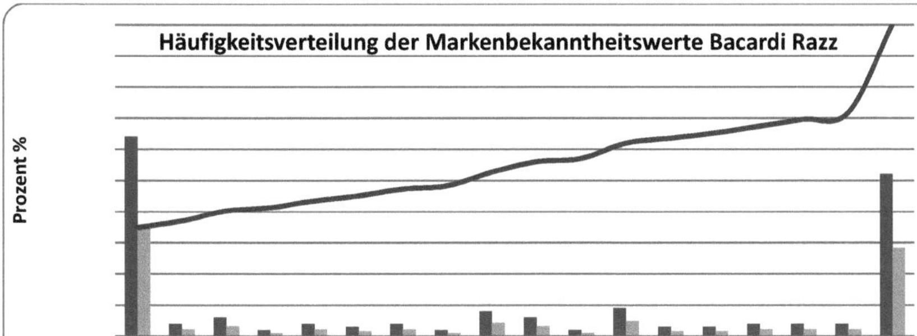

	1	1,33	1,67	2	2,33	2,67	3	3,67	4	4,33	4,67	5	5,33	5,67	6	6,33	6,67	7
x	64	4	6	2	4	3	4	2	8	6	2	9	3	3	4	4	4	52
%	34,8	2,2	3,3	1,1	2,2	1,6	2,2	1,1	4,3	3,3	1,1	4,9	1,6	1,6	2,2	2,2	2,2	28,3
∑ %	34,8	37,0	40,2	41,3	43,5	45,1	47,3	48,4	52,7	56,0	57,1	62,0	63,6	65,2	67,4	69,6	71,7	100,

Abbildung 12: Übersicht über die Häufigkeitsverteilung für Bacardi Razz

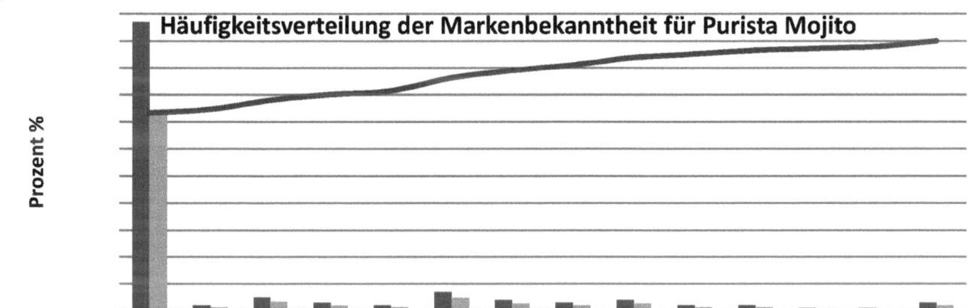

	1	1,67	2	2,33	2,67	3	3,33	3,67	4	4,33	4,67	5,67	6	7
x	107	2	5	3	2	7	4	3	4	2	2	1	1	3
%	73,3	1,4	3,4	2,1	1,4	4,8	2,7	2,1	2,7	1,4	1,4	,7	,7	2,1
∑%	73,3	74,7	78,1	80,1	81,5	86,3	89,0	91,1	93,8	95,2	96,6	97,3	97,9	100,0

Abbildung 13: Übersicht über die Häufigkeitsverteilung für Purista Mojito

Hierzu wird der Mittelwert über die drei Itemausprägungen für jeden Probanden gebildet. Mit Augenmerk auf den Grafiken wird offensichtlich, dass sich die Annahme der höheren

---

[450] Legende: x – absolute Häufigkeit; % – relative Häufigkeit; ∑% – kumulierte Häufigkeit.

Markenbekanntheit von Bacardi Razz bestätigt. Rund 45,8% geben an, Bacardi Razz zu kennen.[451] Im Gegensatz dazu kennen 91,1% der Befragten Purista Mojito nicht.

4.4 Darstellung der Schätzergebnisse des Strukturmodells

Nachdem in den vorangegangenen Kapiteln eine Darstellung der Faktoroperationalisierungen sowie deren Prüfung hinsichtlich der Erfüllung der Gütekriterien auf Messmodellebene erfolgte, liegt das Ziel dieses Abschnitts in der Darstellung und Überprüfung der Ergebnisse auf Strukturmodellebene, um anhand der empirischen Daten, Aussagen über die Gültigkeit der aufgestellten Ursache-Wirkungshypothesen treffen zu können. Von vorrangigem Interesse sind hierbei die Pfadkoeffizienten sowie deren Signifikanzwerte (*Tabelle 28*):

Hypothesen	Pfadkoeffizient	t-Wert	Hypothese
H_{1a}:	0,1560	2,3831	bestätigt
H_{1b}:	0,0050	0,1088	abgelehnt
H_{2a}:	0,1590	2,3144	bestätigt
H_{2b}:	-0,1130	1,9121	bestätigt
H_{3a}:	0,0130	0,1944	abgelehnt
H_{3b}:	-0,4970	9,3723	bestätigt
H_4:	0,177	2,7915	bestätigt
H_5:	0,2770	5,6949	bestätigt
H_{6a}:	0,0510	0,9235	abgelehnt
H_{6b}:	-0,2360	4,6552	bestätigt
H_7:	0,0630	1,5652	abgelehnt
H_8:	0,5590	11,5415	bestätigt
H_9:	0,5090	9,3082	bestätigt
H_{10}:	0,6980	21,2155	bestätigt

Tabelle 28: Überblick über die Hypothesen des Untersuchungsmodells

Wie man der Tabelle entnehmen kann, wurden die Hypothesen H_{1b}, H_{3a}, H_{6a} sowie die Hypothese H_7 abgelehnt. Die Hypothese H_{2b} erreicht einen t-Wert von 1,9121, was unter Berücksichtigung des zweiseitigen t-Tests einem Signifikanzniveaus von 10% entspricht.

---

451 Vgl. Schulze (2003), S. 44; Da es sich um ordinalskalierte, quantitativ-diskrete Merkmale handelt, lässt sich der Median nur näherungsweise bestimmen, d.h. der Median liegt innerhalb der Gruppe mit Merkmalswert 4, da hier die kumulierte Häufigkeit den Wert 0,5 übersteigt. Der Prozentwert der Probanden mit hoher bzw. niedriger Markenbekanntheit ergibt sich aus der Einteilung: Gruppe 1 bis 3 = Nicht-Kenner, Gruppe 4 = Neutral, Gruppe 5 bis 7 = Kenner der Marke.

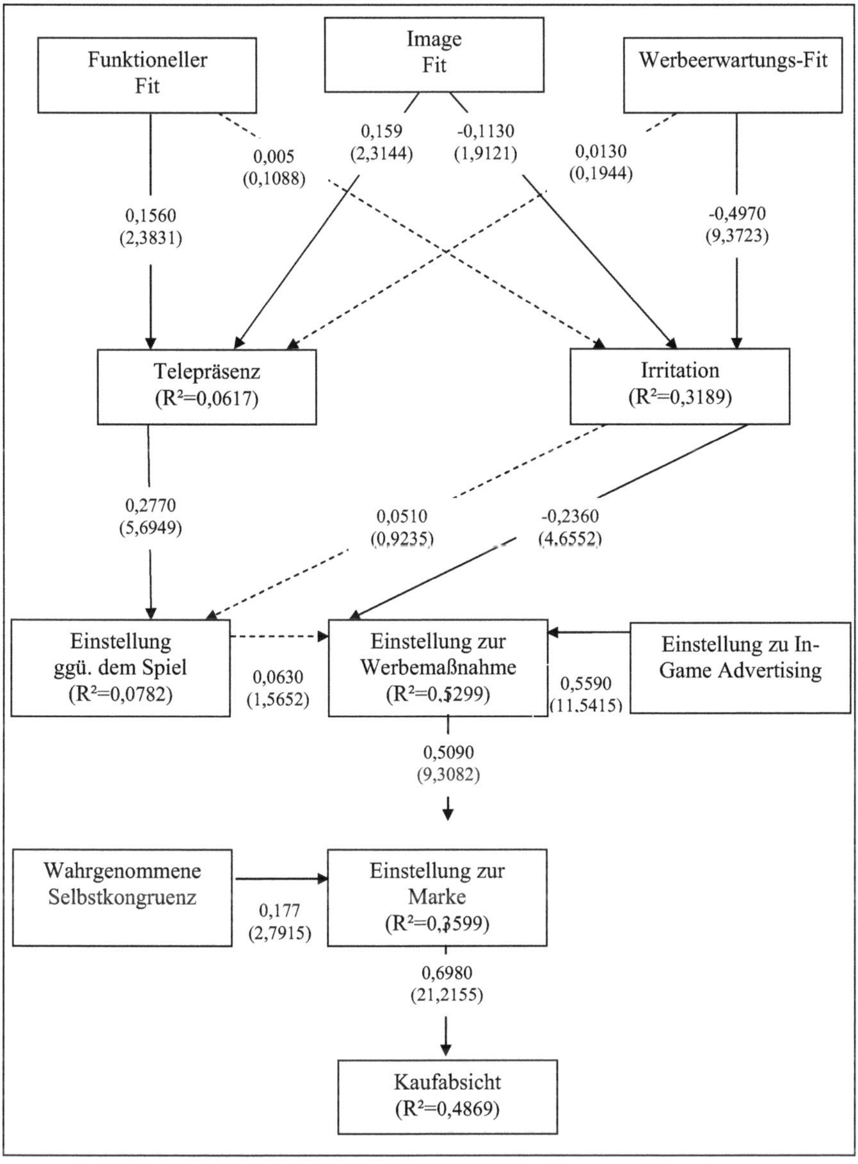

Abbildung 14: Pfadkoeffizienten und t-Werte des Strukturmodells

Alle übrigen Hypothesen sind auf dem 5% Niveau signifikant und können somit als gültig angesehen werden. *Abbildung 14* kann das Strukturmodell mitsamt Pfadkoeffizienten, t-Werten (in Klammern) und erklärten Varianzen entnommen werden.

Im Hinblick auf die Bewertung der Güte des Strukturmodells zeigt die Überprüfung des Bestimmtheitsmaßes, dass vor allem die Telepräsenz mit einem R^2 von 0,0617 und die Einstellung zum Spiel mit einem R^2 von 0,0782 nicht hinreichend durch die im Modell vorgelagerten Konstrukte erklärt werden, was auf weitere nicht im Modell abgebildete Einflussfaktoren hindeutet. Dies ist allerdings nicht verwunderlich, da im Modell lediglich der Einfluss der Fit-Dimensionen von In-Game Werbemaßnahmen auf die Telepräsenz berücksichtigt wird. Die restlichen Konstrukte können allerdings sehr gut erklärt werden. *Tabelle 29* stellt das Bestimmtheitsmaß aller endogenen Konstrukte übersichtlich dar.

Endogenes Konstrukt	**Bestimmtheitsmaß R^2**
Telepräsenz	0,0617
Irritation	0,3189
Einstellung zum Spiel	0,0782
Einstellung zur Werbemaßnahme	0,5299
Einstellung zur Marke	0,3599
Kaufabsicht	0,4869

Tabelle 29: Bestimmtheitsmaße R^2 der endogenen Konstrukte

Neben dem Bestimmtheitsmaß müssen die Konstrukte auch hinsichtlich der Multikollinearität auf Strukturmodellebene untersucht werden. Analog zur Überprüfung auf der Ebene des Messmodells liegt auf Strukturmodellebene dann Multikollinearität vor, wenn die Werte eines kausal vorgelagerten Konstrukts durch andere vorgelagerte Konstrukte vorhergesagt werden können. Multikollinearität ist zu vermeiden, da sonst die Gefahr besteht, dass bestimmte Einflussfaktoren durch mehrere Konstrukte abgebildet werden, somit mehrfach auf das nachgelagerte Konstrukt einwirken und dadurch die Aussagekraft mindern. Wie *Tabelle 30* entnommen werden kann, überschreitet keines der Konstrukte den für den VIF kritischen Wert von 10, womit das Vorliegen von Multikollinearität ausgeschlossen werden kann.

Konstrukt	Korrigiertes R^2	VIF
Telepräsenz		
• abhängige Variable: Funktioneller Fit	0,030	1,031
• abhängige Variable: Image Fit	0,289	1,407
• abhängige Variable: Werbeerwartungs-Fit	0,282	1,393
Irritation		
• abhängige Variable: Funktioneller Fit	0,030	1,031
• abhängige Variable: Image Fit	0,289	1,407
• abhängige Variable: Werbeerwartungs-Fit	0,282	1,393
Einstellung zum Spiel		
• abhängige Variable: Telepräsenz	0,001	1,001
• abhängige Variable: Irritation	0,001	1,001
Einstellung zur Werbemaßnahme		
• abhängige Variable: Irritation	0,389	1,637
• abhängige Variable: Einstellung zum Spiel	0,001	1,001
• abhängige Variable: Einstellung zu In-Game Advertising	0,392	1,645
Einstellung zur Marke		
• abhängige Variable: Einstellung zur Werbemaßnahme	0,144	1,168
• abhängige Variable: Selbstkongruenz	0,144	1,168
Kaufabsicht	nicht möglich	

Tabelle 30: VIF der Konstrukte auf Strukturmodellebene

Hierbei wird mit Blick auf die Redundanzen die innere und äußere Beziehung im Strukturmodell zur Prognose berücksichtigt. Sie beschreibt die durchschnittliche Varianz des Blocks der abhängigen Variablen, welcher durch unabhängige Variable erklärt wird.[452] Wie *Tabelle 31* zu entnehmen ist, überschreiten fast alle endogenen Konstrukte die Grenze von 0 und erfüllen somit die Anforderung der Vorhersagevalidität. Lediglich bei der Telepräsenz und der Einstellung zum Spiel kann dieser Wert nicht erreicht werden, was auch bereits die geringe erklärte Varianz der Konstrukte vermuten lässt.

Konstrukt	Stone-Geissers Q^2 (Redundanz)
Telepräsenz	-0,3357
Irritation	0,1898
Einstellung zum Spiel	-0,3793
Einstellung zur Werbemaßnahme	0,4169
Einstellung zur Marke	0,3181
Kaufabsicht	0,0749

Tabelle 31: Vorhersagevalidität der reflektiven, endogenen Konstrukte auf Strukturmodellebene

[452] Vgl. Fornell/Cha (1994), S. 69.

4.5 Gruppenvergleich

Da im Rahmen dieser Arbeit mit der Markenbekanntheit der Einfluss einer moderierenden Variablen untersucht wurde, ist es notwendig, das Hypothesenmodell für beide Subsamples hinsichtlich der Unterschiede zwischen den jeweils ermittelten Schätzern auf Signifikanz zu untersuchen. Hierzu wird der Datensatz a priori in zwei Gruppen eingeteilt, um das Pfadmodell für die Subsamples separat zu schätzen und im Anschluss die Signifikanz der Gruppenunterschiede über die Teststatistik nach Chin zu beurteilen.[453] Voraussetzung ist hierbei das Vorliegen von Messmodellinvarianz der Messmodelle.[454] Ein Einfluss der moderierenden Variablen auf einen kausalen Zusammenhang zwischen zwei Konstrukten ist dann anzunehmen, wenn der mittels Chin-Test errechnete t-Wert den kritischen t-Wert einer t-Verteilung mit m+n-2 Freiheitsgraden übersteigt, wobei m die Größe des einen und n die Größe des anderen Subsamples darstellt. Im vorliegenden Fall liegt der kritische t-Wert bei 330 Probanden und einer Irrtumswahrscheinlichkeit von 10% bei 1,66. Ein weiteres Kriterium stellt die Akzeptanz oder Ablehnung von Hypothesen in den beiden Subsamples dar. Kann aufgrund eines ausreichend hohen t-Wertes eine Hypothese in einem Subsample akzeptiert werden, im anderen jedoch nicht, ist davon auszugehen, dass zwischen beiden Gruppen signifikante Unterschiede bzgl. dieser Hypothese bestehen.[455]

Eine Einteilung der Erhebungsgesamtheit war nicht nötig, da die Probanden bereits bei der Weiterleitung auf den Fragebogen entweder dem Fragebogen mit Bacardi Razz (hohe Markenbekanntheit) oder dem Fragebogen mit Purista Mojito (niedrige Markenbekanntheit) zugeteilt wurden. Bezüglich der Signifikanz der Modellunterschiede für die beiden Gruppen IGA1 und IGA2 kann für drei der acht Hypothesen ein Einfluss der Markenbekanntheit bestätigt werden (*Tabelle 33)*. Allerdings ist lediglich H_{1a}signifikant unterschiedlich. Betrachtet man allerdings die t-Werte der Pfadkoeffizienten der Hypothesen H_{2a} und H_7, dann zeigt sich, dass auch hier Unterschiede hinsichtlich der Markenbekanntheit zu vermuten sind. So ist der Einfluss des Image-Fits auf die Telepräsenz lediglich für bekannte Marken signifikant. Die Ergebnisse des Gruppenvergleichs zeigt *Tabelle 32.*

---

[453] Vgl. Chin (2000).
[454] Vgl. Chin (2000); Eberl (2006), S. 651 ff.
[455] Vgl. Huber et al. (2007), S. 122.

	Hohe Markenbekanntheit (Bacardi Razz) m=184			Niedrige Markenbekanntheit (Purista Mojito) n=146			Chin t-Test	Einfluss des Moderators
	Pfadkoeffizient	Standardfehler	t-Wert	Pfadkoeffizient	Standardfehler	t-Wert	t-Wert	
H_{1a}	0,275	0,102	2.695	-0,023	0,095	0.242	2,098	tlw. bestätigt
H_{1b}	0,041	0,075	0.546	-0,059	0,071	0.832	0,952	abgelehnt
H_{2a}	0,153	0,083	1.845	0,158	0,110	1.431	0,037	tlw. bestätigt
H_{2b}	-0,093	0,072	1.286	-0,145	0,088	1.639	0,461	abgelehnt
H_{3a}	-0,050	0,087	0.574	0,135	0,095	1.417	1,434	abgelehnt
H_{3b}	-0,556	0,070	7.903	-0,417	0,096	4.338	1,197	abgelehnt
H_4	0,199	0,077	2,603	0,160	0,076	2,106	0,358	abgelehnt
H_5	0,270	0,067	4,021	0,272	0,073	3,714	0,020	abgelehnt
H_{6a}	0,072	0,075	0,966	0,013	0,100	0,130	0,484	abgelehnt
H_{6b}	-0,228	0,087	2,623	-0,242	0,068	3,557	0,122	abgelehnt
H_7	0,048	0,055	0.876	0,097	0,057	1.693	0,615	tlw. bestätigt
H_8	0,559	0,071	7,902	0,567	0,074	7,674	0,078	abgelehnt
H_9	0,498	0,076	6.570	0,532	0,068	7.873	0,327	abgelehnt

Tabelle 32: Gruppenvergleich nach Chin für die Moderatorvariable Markenbekanntheit

Des Weiteren wird die Einstellung zur Werbemaßnahme bei unbekannten Marken mit einer Irrtumswahrscheinlichkeit von 10%, signifikant von der Einstellung zum Spiel beeinflusst, was bei bekannten Marken nicht der Fall ist. Ein weiterer Unterschied, der allerdings nicht signifikant ist, zeigt sich bei Hypothese H_9. Hier wurde vermutet, dass die Einstellung zu unbekannten Marken stärker von der Einstellung zur Werbemaßnahme beeinflusst wird als dies bei bekannten Marken der Fall ist. Die Unterschiede der Pfadkoeffizienten deuten auf einen solchen Unterschied hin, auch wenn dieser eher gering ist und daher auch nicht als signifikant angesehen werden kann. Generell kann jedoch die moderierende Wirkung der Markenbekanntheit zumindest teilweise bestätigt werden (*Tabelle 33*).

Hypothese		Resultat
H_{11}:	Die im Rahmen des Modells dargestellten Konstruktzusammenhänge unterscheiden sich für bekannte Marken signifikant von denen unbekannter Marken.	tlw. bestätigt

Tabelle 33: Ergebnis der Moderatorhypothese

4.6 Modellschätzung für die Gruppe der Unreachables

Wie bereits beschrieben ist es ein weiteres Anliegen des vorliegenden Buches, Hinweise darüber zu erhalten, inwiefern die hier postulierten Kausalhypothesen für die demographische Gruppe der Männer zwischen 18 und 34 Jahren („Unreachables") als gültig angesehen werden können. Um Aussagen hinsichtlich der Übertragbarkeit der Ergebnisse treffen zu können ist eine Überprüfung der Ergebnisse auf Strukturmodellebene notwendig.

Anhand der im Fragebogen getätigten deskriptiven Angaben wurden sämtliche männlichen Probanden der Altersgruppen < 20, 20-25, 26-30 und 31-45 in der Gesamtstichprobe isoliert betrachtet und danach das Hypothesenmodell für dieses Subsample erneut geschätzt. Die Gruppe der 31-45jährigen wurde trotz der höheren Altersangabe mit in die Auswertung für die Unreachables einbezogen, da die relativ hohe Spielintensität der Männer zwischen 31 und 45 Jahren in der vorliegenden Stichprobe auf eine rege Nutzung des Mediums der Computer- und Videospiele hindeutet.[456] Damit ergibt sich für die Unreachables eine Stichprobengröße von n=115. *Tabelle 34* gibt einen Überblick über die Ergebnisse der Hypothesen für die Gruppe der Unreachables.

Hypothesen	Pfadkoeffizient	t-Wert	Resultat
H_{1a}:	0,1160	1,1352	abgelehnt
H_{1b}:	-0,0540	0,8726	abgelehnt
H_{2a}:	0,3240	2,7799	bestätigt
H_{2b}:	0,0120	0,1372	abgelehnt
H_{3a}:	0,0250	0,2467	abgelehnt
H_{3b}:	-0,5770	8,8512	bestätigt
H_4:	0,2560	2,4150	bestätigt
H_5:	0,3810	3,7851	bestätigt
H_{6a}:	-0,0840	0,6640	abgelehnt
H_{6b}:	-0,3420	3,9229	bestätigt
H_7:	0,0930	1,3720	abgelehnt
H_8:	0,4210	4,7287	bestätigt
H_9:	0,5120	5,4565	bestätigt
H_{10}:	0,6860	12,2837	bestätigt

Tabelle 34: Ergebnisse der Hypothesenprüfung für die Unreachables

[456] Vgl. Kapitel 4.3.3.

Um Hinweise hinsichtlich der Unterschiede in der Verbraucherwahrnehmung identifizieren zu können, ist der Vergleicht von Unreachables mit dem verbleibenden Sample hilfreich. Bei differenzierter Betrachtung der beiden Subsamples kann konstatiert werden, dass hinsichtlich des Einflusses der Pre-Einstellung zu In-Game Advertising (H_8) ein signifikanter Unterschied (t=1,693) in den Schätzern ermittelt wird. Hierbei ergibt sich eine Differenz in Höhe von 0,168. Während für die Gruppe der Unreachables ein Pfadkoeffizient von 0,421 geschätzt wird, beläuft sich dieser für die verbleibende Stichprobe auf 0,589. Die Pre-Einstellung zu In-Game Advertising hat demnach für die für Probanden, die nicht die Spezifika der Unreachables aufweisen, einen signifikant höheren Einfluss auf die Werbemaßnahme.

	Gesamtsample (ohne Unreachables) m=215			**Unreachables n=115**			**Chin t-Test**	**Einfluss des Moderators**
	Pfadkoeffizient	Standardfehler	t-Wert	Pfadkoeffizient	Standardfehler	t-Wert	t-Wert	
H_{1a}:	0,170	0,100	1,697	0,1160	0,102	1,1352	0,347	teilw. bestätigt
H_{1b}:	0,026	0,072	0,362	-0,0540	0,062	0,8726	0,742	abgelehnt
H_{2a}:	0,080	0,077	1,044	0,3240	0,117	2,7799	1,813	teilw. bestätigt
H_{2b}:	-0,160	0,063	2,561	0,0120	0,088	0,1372	1,616	teilw. bestätigt
H_{3a}:	0,014	0,088	0,160	0,0250	0,101	0,2467	0,078	abgelehnt
H_{3b}:	-0,462	0,074	6,255	-0,5770	0,065	8,8512	1,032	abgelehnt
H_4:	0,157	0,072	2,191	0,2560	0,106	2,4150	0,795	abgelehnt
H_5:	0,249	0,061	4,068	0,3810	0,101	3,7851	1,188	abgelehnt
H_{6a}:	0,101	0,067	1,501	-0,0840	0,127	0,6640	1,423	abgelehnt
H_{6b}:	-0,217	0,072	3,036	-0,3420	0,087	3,9229	1,074	abgelehnt
H_7:	0,063	0,047	1,333	0,0930	0,068	1,3720	0,369	abgelehnt
H_8:	0,589	0,055	10,746	0,4210	0,089	4,7287	1,693	bestätigt
H_9:	0,502	0,069	7,250	0,5120	0,094	5,4565	0,086	abgelehnt
H_{10}:	0,703	0,038	18,548	0,6860	0,056	12,2837	0,259	abgelehnt

Tabelle 35: Gruppenvergleich nach Chin für den Vergleich des Samples mit den Unreachables

Lediglich die Hypothesen H_{1a} sowie H_{2a} und H_{2b} unterscheiden sich in den beiden Subsamples. Hiernach wird die Telepräsenz für die Unreachables nicht signifikant durch den funktionellen Fit beeinflusst. Ebenso wenig kann der negative Einfluss des Mangels an Übereinstimmung zwischen den Images auf die Irritation bestätigt werden. Demgegenüber zeigt sich jedoch, dass die Aufrechterhaltung von Hypothese 2a im Gesamtsample auf den Beitrag der Unreachables zurückzuführen ist. Wird der Einfluss im Gesamtsample signifikant bestätigt, ist nach Unterteilung festzustellen, dass die Kongruenz der Images für die

Unreachables mit einem Pfadkoeffizienten in Höhe von 0,3240 (t-Wert 2,7799) auf die Wahrnehmung der Telepräsenz wirkt, wohingegen der Einfluss für das verbleibende Subsample nicht signifikant geschätzt wird. Alle weiteren Hypothesen sind kongruent zu denen der Gesamtstichprobe, womit eine generelle Übertragbarkeit der Ergebnisse des Gesamtmodells unterstellt werden kann. *Tabelle 35* stellt die Werte der Prüfkriterien auf Strukturmodellebene in strukturierter Form dar. Analog zum Gesamtmodell ist auch in diesem Subsample in Bezug auf die Telepräsenz und die Einstellung zum Spiel eine geringe Prognosefähigkeit anzumerken.

Konstrukt	Vorhersagevalidität Stone-Geissers Q^2(Redundanz)	Bestimmtheitsmaß R^2
Telepräsenz	-0,1827	0,1454
Einstellung zum Spiel	-0,1852	0,1537
Einstellung zur Werbemaßnahme	0,3969	0,5131
Einstellung zur Marke	0,2857	0,4368
Irritation	0,0715	0,3404
Kaufabsicht	0,2868	0,4707

Tabelle 36: Prüfkriterien auf Strukturmodellebene für die Gruppe der Unreachables

4.7 Interpretation der Ergebnisse

4.7.1 Ergebnisse des Gesamtmodells unter Berücksichtigung der Markenbekanntheit

Das Ziel der vorliegenden Studie besteht in der Ermittlung verschiedener Einflussgrößen auf das Kernkonstrukt Einstellung zur Werbemaßnahme. Es wird dabei angenommen, dass die Einstellung grundsätzlich über zwei Wirkungsmechanismen beeinflusst werden kann. Einmal bei kongruenter Werbung über die Einstellung zum Spiel (H_7), die wiederum durch die Telepräsenz determiniert wird (H_5). Weiter wird im Rahmen der Studie davon ausgegangen, dass der Einfluss der Irritation zum Einen über die Inkongruenz direkt (H_{6b}) sowie indirekt über die Einstellung zum Spiel (H_{6a}) auf die Einstellung zur In-Game Werbemaßnahme wirkt. Unabhängig davon, ob die Beeinflussung über den Kongruenzpfad des Modells oder den Irritationspfad vollzogen wird, ist weiter davon auszugehen, dass die generelle Einstellung zu In-Game Advertising einen signifikanten Einfluss auf die Wahrnehmung der konkreten Werbemaßnahme nimmt (H_8). Ein weiterer wichtiger Zusammenhang wird zwischen der wahrgenommenen Selbstkongruenz und der Einstellung zur Marke vermutet (H_4), wobei letztere von der Einstellung zur Werbemaßnahme ebenfalls beeinflusst wird (H_9). Abschließend wird davon ausgegangen, dass die Einstellung zur Marke als Determinante der Kaufabsicht fungiert.

Die Schätzung zeigt, dass rund 52,99% der Varianz der Einstellung zur Werbemaßnahme durch die vorgelagerten Konstrukte erklärt werden. Die Überprüfung der Ergebnisse ergibt weiterhin, dass die Einstellung zu In-Game Advertising mit einem Pfadkoeffizienten von 0,559 den stärksten Einfluss auf die Einstellung zur Werbemaßnahme ausübt und somit als Erfolgsfaktor zu sehen ist. Hiernach wird die Einbettung real existierender Marken als nicht störend, sondern vielmehr förderlich für das Spiel empfunden. Eine Verbesserung der Einstellung zu In-Game Advertising führt zu einer besseren Haltung der konkreten Werbemaßnahme gegenüber. Entsprechend werden Spieler, die bereits a priori eine positive Einstellung gegenüber dieser Praktik aufweisen auch der konkreten Werbemaßnahme positiv gegenüber stehen. Berücksichtigt man weiter die bereits erwähnte und auch in der einschlägigen Literatur beschriebene grundsätzlich positive Einstellung zu In-Game Advertising, scheint die generelle Wirksamkeit dieser Werbepraxis plausibel nachvollziehbar. Ebenfalls einen starken Einflussauf die Einstellung gegenüber der konkreten Werbemaßnahme kann der wahrgenommenen Irritation bestätigt werden. Das bedeutet, dass schlecht implementierte Werbemaßnahmen durchaus vom Spieler evaluiert und der Persuasionsversuch somit erkannt wird und dementsprechend Bewältigungsstrategien Anwendung finden. Dies kann zu einer Abwertung der Werbemaßnahme führen, welche so an Effektivität einbüßt oder im schlimmsten Fall sogar negative Rückwirkungen auf die Marke hervorruft.

Der postulierte Zusammenhang zwischen der Einstellung zum Spiel und der Einstellung zur Werbemaßnahme konnte mit Augenmerk auf das vorliegende Sample nicht verifiziert werden. Problematisch dabei ist, dass die Einstellung zur Werbemaßnahme demnach nicht von den positiven Gefühlen des Spiels profitiert, jedoch durchaus von den negativen Gefühlen der Irritation beeinflusst werden kann. Allerdings muss dieses Ergebnis unter der Berücksichtigung folgender Umstände gesehen werden. Zum einen konnten weitere Studien bereits einen positiven Einfluss der Einstellung zum Spiel auf die Werbemaßnahme belegen.[457] Zum anderen befanden sich die Probanden beim Ausfüllen des Fragebogens nicht in einer Spielsituation, weshalb es möglich ist, dass die positiven Emotionen, z.B. aufgrund der Telepräsenz, nicht salient waren und somit auch keinen Einfluss auf die Wahrnehmung der Werbemaßnahme ausüben konnten. Des Weiteren wurde betont, dass es zur emotionalen Konditionierung zahlreicher Wiederholungen bedarf.[458] Da die Werbemaßnahme jedoch erst nachträglich in den Screenshot eingefügt wurde und keinen Bestandteil des tatsächlichen Spiels darstellt sowie darüber hinaus nur eine einmalige Konfrontation erfolgte, ist davon auszugehen, dass weitere Konfrontationen nötig sind, um signifikante Effekte durch die Spielerfahrung zu erzielen. Eine weitere Überprüfung dieses Zusammenhangs im Rahmen eines experimentellen Aufbaus, der eine wiederholte „in-game“ Konfrontation mit einem Werbestimulus vorsieht, erscheint daher sinnvoll. Interessanterweise zeigt sich in diesem Zusammenhang, dass die Markenbekanntheit hier eine moderierende Wirkung erzielt. So kann der Zusammenhang zwischen der Einstellung zum Spiel und der Einstellung zur In-Game Werbemaßnahme für unbekannte Marken mit 10% Irrtumswahrscheinlichkeit bestätigt werden (Schätzer=0,097, t-Wert=1,693), während er für bekannte Marken abgelehnt werden muss (Schätzer=0,048, t-Wert=0,876). Eine mögliche Ursache ist die geringere Festigung der Markeneinstellung gegenüber unbekannten Marken und der damit verbundenen, heuristischen Beeinflussung der Markeneinstellung anhand von Kontextreizen wie z.B. der Stimmungslage des Spielers.

Entgegen der Erwartung wird die Einstellung zum Spiel in vorliegendem Untersuchungsmodell nicht von der wahrgenommenen Irritation beeinflusst (0,051). Dies deutet darauf hin, dass sich die negativen Gefühle der Irritation vor allem auf deren Auslöser in Form der Werbemaßnahme richten, sich jedoch scheinbar nicht negativ auf den Spielspaß niederschlagen, wonach *Murry et al.* widersprochen werden muss. Führt man sich jedoch die Aussagen der Spieler zum Thema In-Game Advertising vor Augen, sind auch kritische Stimmen zu vernehmen. Die Probanden monierten, dass sie es nicht akzeptieren, Geld für ein Spiel zu bezahlen, welches über die Maße mit In-Game Werbemaßnahmen „gefüllt“ ist. Daher kann angenommen werden, dass sich die negativen Emotionen zwar nicht auf die

---

[457] Vgl. Nelson et al. (2006), S. 90; Grigorovici/Constantin (2004), S. 25 f; Mau et al. (2008), S. 835.
[458] Vgl. Kapitel 2.3.2.

Einstellung zum Spiel auswirken,[459] durchaus aber einen Einfluss auf die Wahrnehmung des Spielepublishers nehmen und Spiele des Herstellers zukünftig entsprechend gemieden werden.
Demgegenüber determiniert der Effekt der Telepräsenz die Einstellung zum Spiel mit einem signifikanten Pfadkoeffizienten von 0,277.Hiernach findet die für den postulierten Zusammenhang zugrundegelegt Theorie von *Murry et al.*, der zufolge sich die programminduzierten Gefühle auf die Einstellung zum Programm auswirken, in dieser Studie Unterstützung.

Die Varianz des Konstrukts Einstellung zur Marke kann durch die ihm vorgelagerten Konstrukte zu fast 36% erklärt werden. Hierbei übt die Einstellung zur Werbemaßnahme einen stärkeren Einfluss als die wahrgenommene Selbstkongruenz aus, womit die große Wichtigkeit der korrekten Einbindung ins Spiel für die Markeneinstellung deutlich zum Ausdruck kommt. Mit einem Pfadkoeffizienten von 0,177 wird die Markeneinstellung aber auch von der wahrgenommenen Selbstkongruenz zwischen dem Selbstkonzept des Spielers und dem, durch das Spiel manipulierten, Markenimage beeinflusst. Diese Selbstkongruenz-Hypothese wurde bereits im Rahmen von Studien im Zusammenhang der Markenloyalitätsforschung,[460] aber auch in der Sponsoringforschung[461] postuliert. Allerdings wurde sie bisher noch nicht im Zusammenhang von Product Placements in Computerspielen analysiert. Die Einstellung zur Marke wiederum beeinflusst mit einem Pfadkoeffizienten von 0,698 die Absicht, Produkte der Marke zu kaufen. Damit bestätigt sich der im Attitude-Toward-the-Ad-Modell postulierte Einfluss der Markeneinstellung auf die Kaufabsicht auch in dieser Studie.

Die Betrachtung der verschiedenen Fit-Dimensionen offenbart weitere interessante Zusammenhänge. Es hat sich gezeigt, dass nicht alle Dimensionen gleichermaßen einen Einfluss auf die Telepräsenz bzw. Irritation ausüben. Die Telepräsenz weist ein

[459] Anmerkung: Es ist durchaus denkbar, dass der Spieler seine Einstellung zum Spiel nicht anpasst. Dies wäre möglicherweise darauf zurückzuführen, dass eine Abwertung des Spiels mit einer Reduzierung des Spielnutzens einherginge, welcher den Kosten des Spielerwerbs gegenübersteht. Ist ein Spieler also a priori nicht über das Vorhandensein der In-Game Werbung informiert und erfährt dadurch eine Nutzenschmälerung, kann es zu verzerrter Wahrnehmung oder schlichtweg der Ignoranz der Werbemaßnahmen kommen. Damit steht den Kosten ein ausreichender Nutzen gegenüber bzw. kann der Kauf des Spiels weiterhin gerechtfertigt werden und kognitive Dissonanzen somit vermieden.

[460] Vgl. Huber/Regier/Wilhelmi (2005), S. 18 ff.

[461] Vgl. Huber et al. (2005), S. 15 f.

Bestimmtheitsmaß von nur 0,062 auf, was deutlich unter der Anforderung von 0,3 liegt. Allerdings muss hierberücksichtigt werden, dass die Telepräsenz nicht ausschließlich auf Grundlage einer gut implementierten Werbemaßnahme entsteht, sondern vor allem aufgrund der Interaktion mit einer virtuellen Umwelt sowie der Lebhaftigkeit selbiger. Es liegt daher auf der Hand, dass hier weitere Einflussfaktoren die wahrgenommene Telepräsenz beeinflussen. Mit Pfadkoeffizienten von 0,156 bzw. 0,159 wirkt der funktionelle Fit und der Image-Fit fast gleich stark auf die Telepräsenz. Der Werbeerwartungsfit dagegen zeigt keinerlei Einfluss auf die Telepräsenzerfahrung (0,013).

Berücksichtigt man allerdings den starken Effekt, der vom Werbeerwartungs-Fit auf die Irritation ausgeht, so wird offensichtlich, dass eine authentische Umsetzung der Werbemaßnahme von den Spielern quasi vorausgesetzt wird, also ein „must-have" Kriterium darstellt, dessen Vorhandensein keine positiven Affekte hervorruft. Es ist zu vermuten, dass die Abwesenheit selbigen jedoch zu Irritationen führt, die sich letztendlich negativ auf die Wahrnehmung der Werbemaßnahme auswirken. Diese Erkenntnis ist konsistent mit den Annahmen und Ergebnissen früherer Studien zum Thema In-Game Advertising, welche ebenfalls zu dem Ergebnis kommen, dass Werbung in Spielen dort akzeptiert wird, wo sie auch in der Realität auftreten würde.[462] Eine realistische Umsetzung allein scheint also aus Sicht der Spieler nicht ausreichend für ein angenehmes Spielerlebnis zu sein.

Des Weiteren ist erwähnenswert, dass sich im Gesamtsample signifikante Unterschiede hinsichtlich der Hypothesen H_{1a} und H_{2a} zwischen bekannten und unbekannten Marken ergeben. Hiernach trägt die unbekannte Marke erwartungsgemäß nicht durch Kongruenz in funktioneller (-0,023) oder Image-technischer Sicht (0,158, t-Wert: 1,431) zum Aufbau von Telepräsenz bei. Berücksichtigt man das schwach ausgeprägte Markenimage unbekannter Marken, ist davon auszugehen, dass die In-Game Werbemaßnahme die einzige Information darstellt, welche dem Spieler zum Zeitpunkt der Konfrontation über die Marke zur Verfügung steht. Da somit das Markenimage hauptsächlich vom Spiel geprägt wird, kann die Werbemaßnahme keinen nennenswerten Zusatznutzen stiften, welcher nicht bereits durch das Spiel transportiert wird, da prinzipiell die gleichen Assoziationen vermittelt werden. Zudem ist davon auszugehen, dass die Spieler bisher wahrscheinlich keinen Kontakt mit

[462] Vgl. Nelson (2002), S. 87.

Werbemaßnahmen der unbekannten Marke hatten oder haben diese evtl. nicht explizit wahrgenommen.

Mit einem Bestimmtheitsmaß von 0,319 lässt sich die Irritation besser durch die vorgelagerten Konstrukte erklären als die Telepräsenz. Wie bereits erwähnt, zeigt hier vor allem der Werbeerwartungs-Fit einen starken Einfluss. Die Beeinflussung der Irritation durch den Image-Fit hat sich mit einem Pfadkoeffizient von-0,113 (t-Wert=1,912) für das Gesamtmodell bestätigt. Betrachtet man allerdings die Ergebnisse, die sich für die Submodelle IGA1 und IGA2 ergeben, sollte dieses Ergebnis in zukünftigen Forschungen erneut überprüft werden, da sich hier für keine der beiden Submodelle ein signifikanter Einfluss ergeben hat. Es ist zu vermuten, dass durch das Teilen des Samples die Varianz aufgehoben wurde. Der funktionelle Fit hatte dagegen in keinem der untersuchten Modelle einen Einfluss auf die wahrgenommene Irritation. Dies deutet darauf hin, dass ein mangelnder funktioneller Fit aus Sicht der Spieler keine Irritationen auslöst. Dieses Ergebnis muss allerdings im Zusammenhang mit dem Werbeerwartungs-Fit differenzierter betrachtet werden. Es erscheint naheliegend, dass dieses Ergebnis vor allem im Zusammenhang von Billboard-Werbung Richtigkeit besitzt, da hier auch in der Realität, z.B. auf Bandenwerbungen beim Fußball, Marken beworben werden, die keine funktionelle Relevanz für die dargestellten Aktivitäten besitzen. Es wird allerdings angenommen, dass Product Placements, vor allem solche, die direkt vom Spieler genutzt werden, z.B. Fahrzeuge in Rennspielen, durchaus einen funktionellen Fit aufweisen sollten, um Irritationen seitens der Spieler zu vermeiden. Obgleich nicht signifikant, erschien es allerdings erwähnenswert, dass der Zusammenhang zwischen dem funktionellen Fit und der Irritation ein positives Vorzeichen aufweist, was auch für das Submodell IGA1 gilt. Damit könnte ein Hinweis darauf geliefert werden, dass gemäß dem neuigkeitsbasierten Ansatz nach *Mandler* leichte Schemainkongruenz zu positiverer Wahrnehmung führen kann, vor allem bei bekannten Marken. Diese vorsichtige Annahme muss allerdings in Relation zur Schwäche des gemessenen Zusammenhangs gesehen werden und bedarf daher weiterer Validierung.

4.7.2 Interpretation der Ergebnisse für „The Unreachables"

Analog zu den Ergebnissen auf Gesamtmodellebene konnte bei der Zielgruppe der Unerreichbaren kein signifikanter Effekt der Einstellung zum Spiel auf die Einstellung zur Werbemaßnahme festgestellt werden (Pfadkoeffizient=0,093, t-Wert=1,327). Auch hier wird auf den Mangel an Wiederholung des Werbestimulus verwiesen. Jedoch haben sich auch für die Unreachables die Einstellung zu In-Game Advertising mit einem Pfadkoeffizient von 0,421 (t-Wert=4,429) und die Irritation mit einem Pfadkoeffizienten von -0,342 (t-Wert=3,922) als wichtige Einflussfaktoren der Einstellung zur Werbemaßnahme erwiesen. Rund 51,31% der Varianz der Einstellung zur Werbemaßnahme können dabei durch die vorgelagerten Konstrukte erklärt werden. Auffällig ist der, im Vergleich zum restlichen Sample, deutlich stärkere Einfluss der Irritation auf die Einstellung zur Werbemaßnahme, mit einem Pfadkoeffizient von -0,217, im restlichen Sample wobei der Test auf Signifikanz nach *Chin* kein Delta in den Schätzern bestätigt. Im Gegensatz dazu weist die Einstellung zu In-Game Advertising für das Sample der „Unreachables" einen schwächeren Effekt auf als dieser im verbleibenden Samplegeschätzt wird. Mit einer signifikanten Differenz in Höhe von 0,168, weist die Einstellung ggü. dem Spiel für „normale" Spieler einen stärkeren Einfluss auf die Einstellung zur Werbemaßnahme auf. Dieser Umstand deutet darauf hin, dass sich die Unreachables bei der Beurteilung einer konkreten Werbemaßnahme weniger von ihren generellen Einstellungen zur Werbepraxis leiten lassen, sondern in stärkerem Maße anhand der konkreten Umsetzung ihr Urteil über selbige fällen. Damit wird eine höhere Bedeutung einer übergangslosen Implementierung der Werbemaßnahme in das Spiel impliziert, da sich der negative Affekt aufgrund der Irritation in stärkerem Maße auf die Wahrnehmung der Werbemaßnahme niederschlägt. Eine Analyse des Konstruktwertes für die Einstellung zu In-Game Advertising deutet mit einem Wert von 5,728 jedoch auf positive Einstellungen gegenüber der In-Game Advertising Praxis hin. Das bedeutet, dass die männlichen Spieler zwischen 18 und 34 der konkreten Werbemaßnahme grundsätzlich positiv entgegentreten, diese vielleicht sogar begrüßen, sofern sie nicht durch auffällige Gestaltung oder Platzierung in einem unpassenden Spielkontext unnötig Aufmerksamkeit erregt. Weitere Unterstützung erfährt diese Deutung vor dem Hintergrund des starken Einflusses des Werbeerwartungs-Fits auf die wahrgenommene Irritation, welcher mit einem Pfadkoeffizienten von -0,577 ebenfalls deutlich über dem Pfadkoeffizienten des Gesamtmodells liegt. Damit wird vor allem die hohe Bedeutung einer authentischen und realistischen Gestaltung vor dem Hintergrund des dargestellten Spielinhalts betont, weshalb auch hier der Werbeerwartungs-Fit als relevante Erfolgsgröße gesehen werden kann. Die Abwesenheit bzw. das Vorhandensein funktioneller Kongruenz scheint dagegen keinerlei Einfluss auf die affektive Reaktion der Unreachables zu nehmen. Lenkt man das Augenmerk auf den funktionellen Fit wird deutlich, dass dieser entgegen der restlichen Stichprobe keinen signifikanten Einfluss auf die Telepräsenz ausübt.

Hiernach ist es für diese spezielle Zielgruppe in Bezug auf die Wahrnehmung des Realitätsfaktors eines Spiels nicht erheblich, ob das platzierte Markenprodukt tatsächlich im Spiel verwendet wird oder nicht. Wie bereits erwähnt, erscheint eine Überprüfung dieses Zusammenhangs unter expliziter Unterscheidung zwischen einer statischen Platzierung im Hintergrund des Spiels z.B. in Form von Billboards bzw. der interaktiven Nutzung eines Produkts im Rahmen eines Product Placements zielführend, um weitere Erkenntnisse über die Wichtigkeit des funktionellen Fits vor dem Hintergrund des Interaktionsgrades des Spielers mit dem Produkt zu erlangen. Ferner kann die Ursache auch darin vermutet werden, dass sich ein Großteil der Unreachables verstärkt Spielen widmet, die sich jeglicher Möglichkeit zur Markenplatzierung entziehen (bspw. Fantasyspiele). Weiter ergibt die spezifische Betrachtung des Subsamples der Unreachables Aufschluss darüber, dass der Image Fit keinen Einfluss auf die wahrgenommene Irritation im Spiel hat (H_{2b}). Hiernach trägt die Übereinstimmung von Spielimage und Image der Marke nicht zur Reduktion der wahrgenommenen Irritation bei. Es kann folglich konstatiert werden, dass inkongruente Informationen zwar zu einer stärkeren kognitiven Elaboration führen, diese sich jedoch für Spielerfahrene nicht sonderlich negativ auswirken. So ist davon auszugehen, dass Spieler mit einer großen Spielerfahrung an Werbeplatzierung gewöhnt sind, was dazu geführt haben kann, dass die Wahrnehmung von sowohl Bacardi Razz als auch Purista Mojito als Stimulus vergleichsweise geringe Aufmerksamkeit hervorgerufen hat. Sofern den Marken nur eine geringe Relevanz zugesprochen wurde, ist davon auszugehen, dass die Informationen in einer neuen Kategorie abgespeichert wurden und für die Evaluation des Spieles nicht weiter von Relevanz waren. Für das verbleibende Sample kann der postulierte Zusammenhang jedoch verifiziert werden. Alle weiteren Ursache-Wirkungs-Zusammenhänge gestalten sich analog zu denen, welche bereits für das Gesamtmodell dargestellt wurden, weshalb auf eine erneute Beschreibung verzichtet und für eine Begründung auf das vorangegangene Kapitel verwiesen wird.

4.8 Implikationen für die Praxis und weiterführende Forschungen

4.8.1 Allgemeine Handlungsempfehlungen

Die Ergebnisse der Studie liefern stichhaltige Hinweise darauf, dass In-Game Advertising generell dazu geeignet ist, neben der Wahrnehmung des Markenimages auch die Einstellung zur Marke zu manipulieren. Computer- und Videospiele bieten aufgrund ihrer inhaltlichen Reichhaltigkeit mit vielen verschiedenen Genres darüber hinaus vielfältige Möglichkeiten, Assoziationen vom Spiel auf eine Marke zu übertragen. Somit wird den Werbetreibenden ein

Werkzeug an die Hand gegeben, mit dessen Hilfe es möglich ist, gezielt gewünschte Assoziationen vom Spiel auf das eigene Produkt zu übertragen und so auch die Dimensionen der User und Usage Imagery zielgruppenspezifisch zu beeinflussen. Die generell positive Einstellung zu In-Game Werbung deutet auf die prinzipielle Wirksamkeit dieser Werbeform hin. Auch Spielepublisher bestätigten das enorme Potential. So meldete EA Games, dass durch In-Game Advertising in einer Reihe von Sportspielen, der Umsatz eines Erfrischungsgetränks um bis zu 24% gestiegen ist. Es wird auch betont, dass sich die Möglichkeiten für In-Game Werbung nicht auf Sport- und Rennspiele beschränken.[463]

Ein wesentliches Kriterium für die Wirksamkeit einer Werbemaßnahme ist die Einstellung gegenüber selbiger. Berücksichtigt man den geringen Einfluss der Einstellung zum Spiel auf die Beurteilung der Werbemaßnahme, wird offensichtlich, dass vor allem die korrekte Implementierung der Werbemaßnahme wichtig ist, damit In-Game Werbung auch die gewünschten Effekte erzielt. Die werbetreibenden Unternehmen sollten also vor allem auf die Vermeidung von Irritationen achten, um bei den Spielern nicht auf Abwehrreaktionen zu stoßen. Auch wenn Spieler oft angeben, In-Game Advertising positiv gegenüber zu stehen, legt der starke Einfluss der Einstellung gegenüber der generellen Praxis des In-Game Advertisings nahe, sich im Vorfeld über die Einstellung zu In-Game Advertising in der zielgruppenrelevanten Spielerschaft zu informieren und diese Einflussgröße, vor allem vor dem Hintergrund der nicht vorhandenen direkten Beeinflussbarkeit, stets im Auge zu behalten.

Um die oben angesprochenen Irritationswirkungen zu umgehen, muss versucht werden, einen vom Spieler wahrnehmbaren Fit zwischen dem Spiel und der Marke herzustellen. Die Implementierung sollte folglich einen Mehrwert in Form der Anreicherung des Spielerlebnisses schaffen, um die Anwesenheit der Marke zu rechtfertigen. Grundsätzlich kann der Fit zwischen dem Spiel, dem Spieler und der Marke auf verschiedenen Ebenen hergestellt werden, wobei jedoch einige geringere Effekte aufweisen als andere. Dabei hat es sich als wichtig erwiesen, dass eine Werbemaßnahme in ihrer Gestaltung stets den Erwartungen der Spieler entsprechen muss, also einen hohen Werbeerwartungsfit aufweist. Es ist folglich nicht das Ziel, mit Hilfe von In-Game Advertising bei den Spielern hohe Recall-

---

[463] Vgl. PCgames (o.J.b).

Raten zu erzielen. Es sollte im Gegenteil sogar auf aufmerksamkeitserregende Gestaltung verzichtet werden, sofern diese nicht den Erwartungen entspricht. Die Ergebnisse dieser und anderer Studien deuten darauf hin, dass eine implizite Beeinflussung der Markenwahrnehmung hier effektiver ist als das explizite Lernen und Erinnern von Markennamen und Produkteigenschaften.[464] Die Werbemaßnahme muss also derart gestaltet sein, dass sie sich übergangslos in das Setting des Spiels einbettet und zum Spielerlebnis beiträgt, statt davon abzulenken.

Dabei beschränken sich In-Game Werbemaßnahmen nicht ausschließlich auf Sport- und Rennspiele. Im Rahmen der Datenerhebung für die vorliegende Studie gaben die Befragten in den Game-Foren an, auch Platzierungen in eher unüblichen Genres zu akzeptieren, sofern diese glaubwürdig und kreativ gestaltet wären. So gab einer der Befragten an, dass er z.B. herumliegende, leicht beschädigte Cola-Dosen in einem Spiel mit postapokalyptischen Setting als kreative Integrationsform sehen würde.[465] Der deutliche Effekt des Werbeerwartungs-Fits auf die wahrgenommene Irritation, nicht aber auf die Telepräsenz, bestätigt die Ergebnisse vorangegangener Studien, denen zufolge die kreative und übergangslose Gestaltung allein nicht zum Spielerlebnis beitragen kann.[466]

Die Übereinstimmung in funktioneller und Image-bezogener Hinsicht ist dagegen eher zur Erzeugung von Telepräsenz und damit zur Generierung eines Mehrwertes geeignet. Das bedeutet, eine effektive Werbemaßnahme weist neben einer kreativen Gestaltung noch mindestens einen Fit auf einer der beiden anderen Dimensionen auf, um beim Spieler auf Zustimmung zu stoßen. Anhand der Ergebnisse des Gesamtmodells empfiehlt es sich, vor allem den Image-Fit zu berücksichtigen, da eine mangelnde Übereinstimmung zwischen Spiel und Markenimage ebenfalls zu Irritationen führen kann. Damit kommt die hohe Bedeutung der Marke als Symbol zum Ausdruck. Es ist wichtig, dass Marken bzw. Produkte in Spielen platziert werden, welche ähnliche Assoziationen wie die Marke vermitteln. So kann ein für den Spieler konsistentes Gesamtbild vermittelt werden, was positive Effekte auf die Wahrnehmung der Werbemaßnahme ausübt.

[464] Vgl. Huber et al. (2009); Glass (2007).
[465] Vgl. PCgames (o.J.c), Antwort Nr. 25.
[466] Vgl. Huber et al. (2009), S. 110 f.

Durch ein Spiel können sehr verschiedene Assoziationen transferiert werden, welche sich durch die wiederholte gemeinsame Präsentation mit der Marke auf selbige übertragen. Mit Blick auf werbetreibende Unternehmen ist es dabei besonders wichtig, sich im Vorfeld über bestimmte Aspekte des Spiels, wie z.B. die Handlung, Charaktere, das Setting etc., informieren. Daher sollten bewusst geeignete Spiele ausgewählt werden, welche die angestrebten Imagedimensionen unterstützen.

Als Ansatzpunkte für weitere Forschung ergeben sich folgende Themenbereiche. Zum einen ist zu überprüfen, inwiefern ein Fit zwischen der vom Spiel vermittelten Stimmung, der Stimmung des Spielers und letztendlich der mit der Marke assoziierten Stimmung einen Einfluss auf die Wahrnehmung der Werbemaßnahme ausübt. Hierzu existieren bereits erste Studien, welche sich z.B. mit der Kongruenz einer lustigen oder traurigen TV-Werbung vor dem Hintergrund der Stimmung eines Unterhaltungsprogramms beschäftigen.[467]

Allerdings muss der Anspruch des Image Fits und des funktionellen Fits für unbekannte Marken relativiert werden. Diese verfügen über kein ausgeprägtes Markenschema, weshalb In-Game Advertising hier eine hervorragende Möglichkeit zur Formung und Manipulation des Markenbildes bietet und das Produkt mit angestrebten Image-Dimensionen angereichert werden kann. Bei hoher Interaktion des Spielers mit dem Produkt im Spiel ist auch das spielerische Erlernen von Produkteigenschaften und Produktfunktionen möglich. So können z.B. Leistungsdaten von Automobilen verglichen werden, um anhand derer das bevorzugte Fahrzeug für das nächste Rennen auszuwählen.

Im Gegensatz zu bekannten Marken verfügen Spieler gegenüber unbekannten Marken nicht über gefestigte Markeneinstellungen. Aufgrund der involvierenden Spielsituation bedienen sie sich einfacher Heuristiken und peripherer Hinweisreize wie z.B. den positiven Affekten aufgrund der Spielerfahrung und übertragen diese auf die Markeneinstellung. Unbekannte Marken können also in besonderem Maße von In-Game Werbung profitieren. Zum einen muss zur Vermeidung von Irritationen lediglich auf eine angemessene Gestaltung geachtet werden, während der funktionelle Fit und der Image Fit aufgrund mangelnder Markenkenntnis nicht beurteilt werden können und daher auch keinen Einfluss ausüben. Zum

[467] Vgl. Kamins et al. (1991).

anderen profitieren unbekannte Marken von der positiven Spielerfahrung. Zusammenfassend müssen sie also lediglich ein geeignetes Spiel auswählen, die Werbemaßnahme in angemessener Art und Weise in das Spiel integrieren und das Spiel „den Rest erledigen lassen".

Weiterhin ist vorteilhaft hervorzuheben, dass die Spieler auch keine beeinflussende Wirkung unterstellen und somit auch die Werbemaßnahme nicht in ihrer Angemessenheit negativ bewerten. Wird die Marke später trotzdem als kommerzielles Unternehmen identifiziert, wird der Persuasionsversuch trotzdem nicht unbedingt wahrgenommen, da die positiven Gefühle aufgrund des Entdeckungsaktes überwiegen.[468] Es ist offensichtlich, dass In-Game Advertising für bekannte Marken deutlich mehr Risiken birgt und damit auch eine sorgfältigere Auswahl und Vorbereitung notwendig macht.

Neben der Übereinstimmung zwischen dem Spiel und der Marke sollten Werbetreibende auch den Charakteristika ihrer Zielgruppe Aufmerksamkeit schenken. So wird die Einstellung zur Marke, neben der Einstellung zur Werbemaßnahme, auch durch die wahrgenommene Selbstkongruenz beeinflusst. Dies bedeutet, dass Produkte in Spielen von Charakteren verwendet werden sollten, die in ihrer äußerlichen und persönlichen Erscheinung der Selbstwahrnehmung oder idealtypischen Vorstellung der Spieler von sich selbst entsprechen. So können die Spielcharaktere, mit denen sich die Spieler stark identifizieren, eine Testimonialfunktion für das Produkt übernehmen und ihre Bedeutung auf das Produkt übertragen, welches fortan als Symbol für diesen Charakter steht und somit für den Spieler nutzbar gemacht wird. In heutigen Sportspielen gibt es z.B. häufig einen Karrieremodus, in welchem die Spieler sich einen Sportler nach eigenen Vorstellungen erstellen können und dann nur diesen, anstelle des gesamten Teams, steuern. In manchen Spielen werden dem digitalen Charakter, je nach sportlichem Erfolg, Sponsorenverträge angeboten. Diese zielen darauf ab, dass der Charakter fortan z.B. Schuhe einer bestimmten Marke tragen darf, welche ihm spielerische Vorteile, wie z.B. schnelleres Laufen, verschaffen. Sind diese Schuhe tatsächlich käuflich, kann die Schuhmarke oder das konkrete Modell fortan als Symbol für

[468] Vgl. Nelson et al. (2004), S. 11.

den sportlichen Erfolg der idealisierten Selbstwahrnehmung im Spiel stehen und damit ein Stück des Spiels auf das reale Leben übertragen werden.[469]

4.8.2 Empfehlungen mit Bezug auf die Gruppe der Unreachables

Die Gruppe der Unreachables bildet als kaufkräftiges, markenbewusstes und technikbegeistertes Klientel eine interessante Zielgruppe.[470] Vor allem bei der Unterhaltungselektronik zählen rund 38% der Gamer zu den Innovatoren oder frühen Adoptoren. Sie sind technologischen Innovationen gegenüber sehr aufgeschlossen und durchaus auch bereit, dafür ein Preispremium zu entrichten.[471] Problematisch ist allerdings die zunehmende Migration von den klassischen Massenmedien hin zu Computer- und Videospielen, die es zunehmend schwieriger macht, diese Gruppe über Medien wie TV-Werbung gezielt anzusprechen.[472] Seit einiger Zeit wird In-Game Advertising daher als Wundermittel der Werbebranche gefeiert. Tatsächlich scheint In-Game Advertising ein probates Mittel zur Ansprache dieser interessanten Zielgruppe zu sein. Trotzdem sollte von einer unreflektierten Implementierung von Werbemaßnahmen im Medium der Computerspiele generell abgesehen werden.

Eine Analyse der Unerreichbaren zeigt, dass auch hier die Einstellung zur Werbemaßnahme eine bedeutsame Rolle spielt. Es gilt, jegliche negativen Einflüsse zu vermeiden, die durch eine schlechte Implementierung der Werbemaßnahme entstehen können. Grund dafür ist, dass die Unreachables deutlich stärker auf Irritationen reagieren, wodurch es zu stärkeren Einflüssen der Irritation auf die Einstellung zur Werbemaßnahme kommt, was wiederum die Markeneinstellung negativ beeinflusst. Zudem sind das Abschalten vom Alltag und das Eintauchen in digitale Welten zwei wichtige Gesichtspunkte, die zum Spielen motivieren. Daher dürfen diese nicht durch die Werbemaßnahme beeinträchtigt werden, was man unter anderem an dem stärkeren Einfluss erkennt, welcher von der Telepräsenzerfahrung auf die Wahrnehmung des Spiels ausgeht.

---

[469] Vgl. Glass (2007), S. 31. Anmerkung: Als Beispiel hierfür kann auch die In-Game Werbemaßnahme der Marke „Jordan Brand“, der Schuhmarke des ehemaligen Basketballstars Michael Jordan, im Spiel NBA 2K11 angeführt werden. Hier bekommt der Spieler im „MyPlayer-Mode“, also dem oben beschriebenen Spielmodus, bei entsprechender Leistung und Verhalten bei Pressekonferenzen einen Sponsorenvertrag von Jordan Brand angeboten, welche die Verwendung von Schuhen erlaubt, die bestimmte spielrelevante Eigenschaften, wie z.B. die Wurffähigkeit beim Tragen des Schuhs, positiv beeinflussen.

[470] Vgl. Thomas/Stammermann (2007), S. 18 f.

[471] Vgl. Thomas/Stammermann (2007), S. 32.

[472] Vgl. Thomas/Stammermann (2007), S. 16.

Die Werbetreibenden müssen bei der Gestaltung einer In-Game Werbemaßnahme, welche auf die Unreachables als Zielgruppe abzielt, mit dem Image Fit und dem Werbeerwartungs-Fit, grundsätzlich zwei Kongruenzdimensionen berücksichtigen, damit die Werbemaßnahme zum Spielerlebnis beitragen kann und somit Irritationen vermieden werden. Die authentische Gestaltung ist für die Unreachables von noch größerer Bedeutung, weshalb auf die visuelle Gestaltung, vor allem vor dem Hintergrund der stilistischen Aufmachung des Spiels, großen Wert gelegt werden sollte. So wäre es z.B. unangebracht, wenn eine normale Plakatwerbung in einem Science-Fiction Spiel auftreten würde. Eine futuristische Gestaltung der Werbung, z.B. durch dreidimensionale Hologramme wäre zur Spielwelt kongruent und würde bei den Spielern somit auf größere Zustimmung stoßen. Ebenfalls gilt es, in diesem Zusammenhang inhaltliche Inkongruenzen zu vermeiden. So sollte z.B. bei technologischen Produkten auf die Angabe von technischen Eckdaten verzichtet werden, da diese vor dem Hintergrund des Sci-Fi-Settings nicht angebracht sind. Eine Präsentation des Markenlogos kann hierbei vollkommen ausreichend sein, da aufgrund der involvierenden Spielsituation wahrscheinlich ohnehin keine weitergehenden Informationen verarbeitet werden. Analog dazu sollte bei Spielen mit einer in der Vergangenheit situierten Handlung ebenfalls auf die Besonderheiten der Zeitepoche geachtet werden. So könnten sich etablierte Marken, wie z.B. Coca-Cola, durch die Platzierung von Produkten in der Aufmachung der jeweiligen Zeit auf kongruente Weise in Spielen platzieren. Inwiefern die einzelnen Aspekte zu spezifieren sind, ist mittels zukünftiger Forschungsbemühungen zu identifizieren.

Auch bei Sportspielen bietet sich hier eine Möglichkeit zur integrierten Kommunikation. Wirbt ein Unternehmen im Rahmen eines Sportevents, so wird eine gleichgestaltete Werbung von den Spielern des Spiels i.d.R. akzeptiert, da somit auch ihren Erwartungen entsprochen wird. Eine Übereinstimmung in Image-technischer Hinsicht stellt allerdings ein Differenzierungskriterium dar, d.h. ein Mangel an Kongruenz auf dieser Fit-Dimension ruft keine Irritation hervor. Dafür kann der Image-Fit stark zum Spielerlebnis beitragen, was wiederum durch häufige Wiederholung des Werbestimulus zu positiven Effekten auf die Wahrnehmung der Werbemaßnahme führen kann. Hier sollte darauf geachtet werden, dass vor allem bei Product Placements die Produkte durch Spielcharaktere verwendet werden, die eine hohe Übereinstimmung mit der User Imagery der Marke aufweisen. So wurde die Platzierung von Airwaves im Spiel Splinter Cell von den Spielern mehrheitlich negativ aufgenommen, da das geheimnisvolle, düstere und abenteuerliche Image, welches durch den

Protagonisten des Spiels, Sam Fischer, vermittelt wurde, nicht zum Bild passte, das durch die Marke Airwaves vermittelt wurde.

Die a priori Einstellung zu In-Game Advertising weist dagegen eine geringere, wenngleich immer noch große Wirkung auf die Wahrnehmung einer Werbemaßnahme auf. Daher gilt es auch hier, Nachforschungen über die generelle Einstellung zu dieser Werbeform anzustellen und diese auch langfristig im Auge zu behalten. Da zum momentanen Zeitpunkt aus der Platzierung von In-Game Werbung keinerlei finanzielle Vorteile für die Spieler entstehen, wäre es auch denkbar, die Einstellung zur Werbepraxis durch Incentives wie Rabattcodes für Elektronikartikel o.Ä. zu beeinflussen, wodurch die Spieler an den daraus entstehenden Einnahmen partizipieren könnten, was die Akzeptanz fördern könnte. Eine weitere Möglichkeit bestünde darin, reale Produkte mit Codes zu versehen, welche bei Eingabe in einem Spiel zusätzliche Inhalte freischalten.[473]

Die symbolische Bedeutung der Marke nimmt für die Unreachables ebenfalls eine wichtige Rolle bei der Beurteilung einer Marke ein. So erscheint es auch hier sinnvoll, die Testimonialwirkung, welche von den Spielcharakteren oder auch prominenten Sportlern in Spielen ausgehen kann, gezielt zu nutzen. Es sollte darauf geachtet werden, dass ein für die „Unreachables“ konsistentes Markenimage vermittelt wird, welches zu den spielbezogenen Assoziationen kongruent ist und so als Referenz und Bezugsbasis für die eigene Wahrnehmung dienen kann. Unter Berücksichtigung des fehlenden Einflusses des funktionellen Fits wäre es denkbar, dass Produkte, welche durch hohe Selbstkongruenz von den Unreachables als selbstrelevant identifiziert werden, anders verarbeitet und wahrgenommen werden.[474]

---

[473] Vgl. next-gen.biz (o.J.).
[474] Vgl. Huber/Regier/Wilhelmi (2005), S. 19.

5 Abschließende Bewertung und Ausblick

Der Aufstieg der Unterhaltungselektronik, der immer rasantere technologische Fortschritt sowie die weltweite Verbreitung des Internets führten in den letzten Jahrzehnten zu tiefgreifenden, strukturellen Veränderungen in der Werbebranche, welche auf neue Herausforderungen zurückzuführen sind. Vor allem die Reichhaltigkeit der Unterhaltungsmöglichkeiten führte zu gravierenden Veränderungen des medialen Konsumverhaltens. Konnte man vor 20 Jahren durch die Einblendung einer TV-Werbung zur Primetime noch so gut wie jede interessierende Zielgruppe erreichen, ist dies heute kaum mehr möglich. Dieser Umstand beruht zum einen auf dem zunehmenden Vermeidungsverhalten der Konsumenten, zum anderen aber auch auf dem Überangebot, welches fast uneingeschränkte Möglichkeiten zur Freizeitgestaltung bietet. So verbringen einige interessante Zielgruppen ihre Freizeit heute mehrheitlich vor den neuen Medien der Unterhaltungselektronik wie z.B. dem Internet oder Videospielen und entziehen sich so zunehmend der werblichen Kommunikation welche über das Fernsehen als Massenmedium verbreitet wird.

Um diesem Trend zu begegnen, wurde in den letzten Jahren intensiv darüber diskutiert, wie man diese unerreichbaren Zielgruppen wieder für die Werbekommunikation ansprechbar machen kann. So etablierte sich sowohl in der Wissenschaft als auch in konkreten Umsetzungen der Praxis In-Game Advertising als neuartige Kommunikationsform, welche von den Vorteilen, die sich aus dem Medium der Computer- und Videospiele, vor allem in technologischer, aber auch psychologischer Hinsicht, in großem Maße profitiert. Die Vorteile liegen auf der Hand: statt der Darstellung einer Interaktion mit einem Produkt durch Dritte, wie das bei Product Placements in Film und Fernsehen der Fall ist, erlaubt ein Product Placement in Computerspielen eine fast unmittelbare Interaktion mit dem Produkt durch die Zielperson selbst. Des Weiteren werden die Konsumenten aufgrund ihrer positiven Stimmungslage in einer Situation angesprochen, in denen ihre „Verteidigung" gegen kommerzielle Ansprache offen ist und so gezielt kommunikative Botschaften vermittelt werden können, die bei gelungener Umsetzung nicht auf den Widerstand seitens der Konsumenten stoßen. Ein weiterer Vorteil liegt in der engen Verbindung der Werbung mit dem Unterhaltungsinhalt begründet. Eine übergangslos platzierte In-Game Werbemaßnahme unterbricht im Gegensatz zu TV-Werbung nicht das Unterhaltungsprogramm. Im Gegenteil kann eine gelungene Werbemaßnahme sogar zur Unterhaltung beitragen. Im Fokus der wissenschaftlichen Literatur stand dabei bisher jedoch eher die Eignung von In-Game Advertising zur Steigerung der Markenbekanntheit und dem Konsumentenwissen, wobei die Sicht auf die Einstellungswirkungen bisher eher vernachlässigt wurde, obwohl die Ergebnisse hier vielversprechend sind.

An diesem Punkt setzt die vorliegende Studie an und entwickelt anhand der wissenschaftlichen Literatur ein Hypothesensystem, welches zur Analyse des Einflusses verschiedener Kongruenzdimensionen sowie deren Einfluss auf die Wahrnehmung der Werbemaßnahme, des Spiels und der Marke dient. Um diesem Ziel nachzukommen wurde eine empirische Erhebung durchgeführt, welche durch eine Online-Befragung unter 330 Teilnehmern die generelle Wirkung einer Werbemaßnahme im Spiel „Die Sims 3 – Late Night", sowohl für eine bekannte als auch eine unbekannte Marke, beleuchten sollte. Die so erhobenen Daten wurden mit Hilfe des Partial Least Square-Verfahrens ausgewertet und so einer wissenschaftlichen Interpretation geöffnet. Dabei konnten einige wichtige und interessante Erkenntnisse gesammelt werden. Die wichtigsten Erkenntnisse waren: Zum einen zeigte sich, dass eine emotionale Konditionierung der Einstellung zur Werbemaßnahme durch die Einstellung zum Spiel nur bedingt unter zahlreichen Wiederholungen wahrscheinlich ist. Da also die Einstellung zur Werbemaßnahme und damit auch zur Marke nicht zwangsläufig von den positiven Emotionen des Spiels profitiert, ist eine strikte Vermeidung einer Irritation des Spielers unabdingbar, um die langfristige emotionale Konditionierung in positiver Weise zu gewährleisten. Dabei hat sich vor allem eine, den Erwartungen der Spieler entsprechende, Gestaltung und Platzierung der Werbemaßnahme als kritischer Erfolgsfaktor erwiesen. Als zweite wichtige Erkenntnis liefert die Studie Hinweise darauf, dass es generelle Unterschiede hinsichtlich der Markenbekanntheit gibt. Es hat sich gezeigt, dass unbekannte Marken in weitaus größerem Maße von In-Game Werbemaßnahmen profitieren können als dies bei bekannten Marken der Fall ist. Letztgenannte können durchaus auch von dieser Kommunikationsform profitieren, müssen hierbei allerdings größere Sorgfalt walten lassen, damit es nicht zu unerwünschten Nebeneffekten aufgrund von Inkongruenzen kommt. Ebenfalls erfolgte im Rahmen dieser Arbeit eine Überprüfung der Hypothesen für die besonders schwer erreichbare Gruppe der Unreachables, womit auch für diese Gruppe die generelle Wirksamkeit der In-Game Advertising Praxis bestätigt werden konnte.

Literaturverzeichnis

Aaker, J. L. (1997): Dimensions of Brand Personality, in: Journal of Marketing Research, Vol. 34, S.347-356.

Aaker, D. A.; Bruzzone, D. E. (1985): Causes of Irritation in Advertising, in: Journal of Marketing, Vol. 49, S. 47-57.

Activision Blizzard Deutschland GmbH (o.J.): http://www.activision.com/index.html# gamepage|de_DE|gameId:THProSkater&brandId:TonyHawk, Aufruf am: 13.11.2010.

Ajzen, I. (2001): Residual Effects of Past on Later Behavior: Habituation and Reasoned Action Perspectives, in: Personality and Social Psychology Review, Vol. 6, Nr. 2, S. 107-122.

Ajzen, I. (1989): Attitude Structure and Behavior, in: Attitude Structure and Function, Pratnis, A. R.; Breckler, S. J. (Hrsg.), Hillsdale, N. J., S. 241-274.

Ajzen, I. (1988): Attitudes, Personality, and Behaviour, in: Manstead, T. (Hrsg.), Mapping Social Psychology, Milton Keynes, 1988.

Alby, T. (2008): Web 2.0: Konzepte, Anwendungen, Technologien, München.

Avery, R. J.; Ferraro, R. (2000): Verisimilitude or Advertising? Brand Appearance on Prime Time Television, in: Journal of Consumer Affairs, Vol. 34, S. 217-244.

Backhaus, K.; Erichson, B.; Plinke, W.; Weiber, R. (2003): Multivariate Analysemethoden – Eine anwendungsorientierte Einführung, 10. Auflage, Berlin.

Bailey, B. P., Konstan, J. A., Carlis, J. V. (2001): The Effects of Interruptions on Task Performance, Annoyance, and Anxiety in the User Interface, in: Hirose, M. (Hrsg.), Proceedings of 2001 Human-Computer Interaction – INTERACT 2001 Conference, S. 593-601.

Balabanis, G.; Craven, S. (1997): Consumer Confusion from Own Brand Look-alikes: An Exploratory Investigation, in: Journal of Marketing Management, Vol. 13, Nr. 1, S. 299-313.

Batra, R.; Ahtola, O. T. (1990): Measuring the Hedonic and Utilitarian Sources of Consumer Attitudes, in: Marketing Letters, Vol. 2, Nr. 2, S. 159-170.

Belk, R. W. (1988): Possessions and the Extended Self, in: Journal of Consumer Research, Vol.15, S. 139-168.

Berekoven, L. (1978): Internationale Verbrauchsangleichung. Eine Analyse europäischer Länder, Wiesbaden.

Berekoven, L.; Eckert, W.; Ellenrieder, P. (2004): Marktforschung – Methodische Grundlagen und praktische Anwendungen, 10. Auflage, Wiesbaden.

Berekoven, L.; Eckert, W.; Ellenrieder, P. (1999): Marktforschung – Methodische Grundlagen und praktische Anwendungen, 8. Auflage, Wiesbaden.

Biel, A. L. (1993): Converting image into equity, in: Brand Equity and Advertising's Role in Building Strong Brands, Aaker, D. A.; Biel, A. (Hrsg.), Hillsdale, N. J., S. 67-82.

Bollen, K.; Lennox, R. (1991): Conventional Wisdom on Measurement: A Structural Equation Perspective, in: Psychological Bulletin, Vol. 110, No. 2, S. 305-314.

Bollen, K. A. (1989): Structural Equations with Latent Variables, New York.

Bone, P. F.; Ellen, P.S. (1992): The Generation and Consequences of Communication-evoked Imagery, in: Journal of Consumer Research, Vol. 19, S. 93-104.

Bonfield, E.H. (1974): Attitude, Social Influence, Personal Norm and Intention Interactions as Related to Brand Purchase Behaviour, in: Journal of Marketing Research, Vol. 21, S. 379-389.

Bower, G. H. (1991): Mood congruity of social judgments, in: Emotion and Social Judgments, Forgas, J. P. (Hrsg.), New York, S. 31–53.

Bower, G. H. (1981): Mood and memory, in: American Psychologist, Vol 36(2), S. 129-148.

Braunstein, C. (2001): Einstellungsforschung und Kundenbindung – Zur Erklärung des Treueverhaltens von Konsumenten, Wiesbaden.

Bräutigam, S. (2004): Management von Markenarchitekturen – Ein verhaltenswissenschaftliches Modell zur Analyse und Gestaltung von Markenportfolios, Gießen.

Brehm, J. W. A. (1966): A Theory of Psychological Reactance, New York.

Byrne, B. (1998): Structural Equation Modeling with LISREL, PRELIS, and SIMPLIS: Basic Concepts, Applications, and Programming, New Jersey.

Cauberghe, V.; De Pelsemacker, P. (2010): Advergames – The Impact of Brand Prominence and Game Repetition on Brand Responses, in: Journal of Advertising, Vol. 39, No.1, S. 5-18.

Chen, J.; Ringel, M. (2001): Can Advergaming be the Future of Interactive Advertising? URL: http://www.kpe.com/ourwork/pdf/advergaming.pdf, letzter Aufruf am 28.11.2010.

Chin, W. W.; Newsted, P.R. (1999): Structural Equation Modeling Analysis With Small Samples Using Partial Least Squares, in: Hoyle, Rick H. (Hrsg.): Strategies for Small Sample Research, Thousand Oaks, CA, S.307-341.

Chin, W. W. Frequently asked questions—Partial least squares & PLS-Graph. Bauer College of Business at the University of Houston, TX, 2000, http://disc-nt.cba.uh.edu/chin/plsfaq.htm, letzter Aufruf: 12.12.2010.

Chin, W. W. (1998): The Partial Least Squares Approach to Structural Equation Modelling, in: Marcoulides, G.A. (Hrsg.): Modern Methods for Business Research, S. 295-336.

Claibome, C. B.; M.; Sirgy, J. (1990): Self-Congruity as a Model of Attitude Formation and Change: Conceptual Review and Guide for Future Research, in: Developments in Marketing Science, 9, Vol. 13, S. 1-7.

Coyle, J. R.; Thorson, E. (2001): The Effects of Progressive Levels of Interactivity and Vividness in Web Marketing Sites, in: Journal of Advertising, Vol. 30, Nr.3, S. 65-77.

d'Astous, A.; Chartier, F. (2000): A Study of Factors Affecting Consumer Evaluations and Memory of Product Placements in Movies, in: Journal of Current Issues and Research in Advertising, Vol. 22, No. 2, S. 31-40.

DeLorme, D. E.; Reid, L. N. (1999): Moviegoers'Experiences and Interpretations of Brands in Films Revisited, in: Journal of Advertising, Vol. 28, No. 2, S. 71-95.

Deuber-Mankowsky, A. (2001): Lara Croft – Modell, Medium, Cyberheldin – Das virtuelle Geschlecht und seine metaphysischen Tücken, 1.Auflage, Frankfurt am Main.

Dickenberger, D.; Gniech, G.; Grabitz, H.-J. (1993): Die Theorie der psychologischen Reaktanz, in: Theorien der Sozialpsychologie, Band I: Kognitive Theorien, Frey, D.; Irle, M. (Hrsg.), Bern, S. 243.273.

Drengner, J.; Gaus, H.; Jahn, S. (2008): Does Flow Influence the Brand Image in Event Marketing?, in: Journal of Advertising Research, http://www-user.tu-chemnitz.de/~stjah/Drengner%3B%20Gaus%3B%20Jahn%202008%20-%20Does%20Flow%20Influence%20the%20Brand%20Image%20in%20Event%20Marketing.pdf, S. 138-147.

Dröge, C. (1989): Shaping the Route to Attitude Change: Central versus Peripheral Processing through Comparative versus Noncomparative Advertising, in: Journal of Marketing Research, Vol. 26 (May), S. 193-204.

Eagly, A. H.; Chaiken, S. (2007): The Advantages of an Inclusive Definition of Attitude, in: Social Cognition, Vol. 25, No. 5, S. 582-602.

Eagly, A. H.; Chaiken, S. (1993): The Psychology of Attitudes, Fort Worth, TX.

Eberl, M. (2006): Formative und reflektive Konstrukte und die Wahl des Strukturgleichungsvefahrens, in: Die Betriebswirtschaft, Nr. 66, Jg. 6, S. 651-668.

Edell, J. A.; Burke, M. C. (1987): The Power of Feelings in Understanding Advertising Effects, in: Journal of Consumer Research, Vol. 14, No. 3, S. 421-433.

Edwards, S. M.; Li, H.; Lee, J.-H. (2002): Forced Exposure and Psychological Reactance: Antecedents and Consequences of the Perceived Intrusiveness of Pop-Up Ads, in: Journal of Advertising, Vol. 31, No. 3, S. 83-95.

Eggert, A.; Fassott, G. (2003): Zur Verwendung formativer und reflektiver Indikatoren in Strukturgleichungsmodellen, in: Kaiserslauterer Schriftenreihe Marketing, Nr. 20, S. 1-24.

Electronic Arts (o.J.a): http://store.thesims3.com/brandedContent.html?categoryId=12595, Aufruf am: 17.12.2010.

Electronic Arts (o.J.b): http://store.thesims3.com/productDetail.html?productId=OFB-SIM3:17503&categoryId=11509&scategoryId=11538&pcategoryId=11536, Aufruf am: 17.12.2010

Esch, F.-R. (2006): Wirkungen integrierter Kommunikation, 4. Auflage, Wiesbaden.

Esch, F.-R. (2005): Moderne Markenführung – Grundlagen – Innovative Ansätze – Praktische Umsetzungen, 4.Auflage, Wiesbaden.

Fennis, B. M.; Bakker, A. A. (2001): „Stay Tuned: We Will Be Back Right after These Messages“: Need to Evaluate Moderates the Transfer of Irritation in Advertising, in: Journal of Advertising, Vol. 30, Nr. 3, S. 15-25.

Festinger, L. (1978): Theorie der kognitiven Dissonanz, Bern, Stuttgart, Wien.

Field, A. P. (2000): I Like It, but I'm Not Sure Why: Can Evaluative Conditioning Occur Without Conscious Awareness? in: Consciousness and Cognition, Vol. 9, S. 13-36.

Fishbein, M.; Ajzen, I. (1975): Belief, Attitude, Intention and Behaviour – An Introduction to Theory and Research, Addison-Wesley, Reading, M. A.

Fleming, D. (1967): Attitude: The History of a Concept, in: Perspectives in American History, Vol. 1, Fleming, D.; Bailyn, B. (Hrsg.), Cambridge, M. A., S. 287-365.

Forgas, J. P. (1999): Network Theories and Beyond, in Handbook of Cognition and Emotion, Dalgleish, T.; Power, M. J. (Hrsg.), Chichester, S. 591-611.

Fornell, C.; Cha, J. (1994): Partial Least Squares, in: Bagozzi, R.P. (Hrsg.): Advanced Methods of Marketing Research, Cambridge, S. 52-78.

Fornell, C.; Bookstein, L. (1982): Two Structural Equation Models: LISREL and PLS Applied to Consumer Exit-Voice Theory, in: Journal of Marketing Research, Vol. 29, S. 440-452.

Gawronski, B. (2007): Attitudes Can Be Measured! But What Is an Attitude?, in: Social Cognition, Vol. 25, No. 5, S. 573-581.

Germelmann, C. C.; Gröppel-Klein, A. (2004): State of the Art der Imagery-Forschung und ihre Bedeutung für den Handel, in: Gröppel-Klein, A. (Hrsg.): Konsumentenverhaltensforschung im 21. Jahrhundert, Wiesbaden, S. 101-128.

Glass, Z. (2007): The Effectiveness of Product Placement in Video Games, in: Journal of Interactive Advertising, Vol. 8, No. 1, S. 23-32.

Grigorovici, D. M.; Constantin, C. D. (2004): Experiencing Interactive Advertising Beyond Rich Media: Impacts of Ad Type and Presence on Brand Effectiveness in 3D Gaming Immersive Virtual Environments, in: Journal of Interactive Advertising, Vol. 5, No. 1, S. 22-36.

Gross, M. L. (2010): Advergames and the Effects of Game-Product Congruity, in: Computers in Human Behaviour, Vol. 26, Issue 6, S. 1259-1265.

Grubb, E. L.; Grathwohl, H. L. (1967): Consumer Self-Concept, Symbolism and Market Behaviour: A Theoretical Approach, in: Journal of Marketing, Vol. 31, S. 22-27.

Grunert, K. G. (1990): Kognitive Strukturen in der Konsumforschung – Ermittlung und Erprobung eines Verfahrens zur offenen Erhebung assoziativer Netzwerke, Heidelberg.

Güttler, P. O. (2003): Sozialpsychologie: Soziale Einstellungen, Vorurteile, Einstellungsänderungen, 4. Auflage, München.

Gwinner, K. P.; Eaton, J. (1999): Building Brand Image Through Event Sponsorship: The Role of Image Transfer, in: Journal of Advertising, Vol.28, No.4, S.47-57.

Hammann, Peter; Erichson, Bernd (2000): Marktforschung, 4.Auflage, Lucius&Lucius Stuttgart.

Hammen, K.; Adler, M.; Neumüller, G. (2010): Navigator 01 – Mediennutzung 2010, München.

Hammerschmidt, M.; Stokburger, G.; Bauer, H. H. (2006): Marketing Performance, Messen - Analysieren – Optimieren, Wiesbaden.

Henkel, S.; Huber, F. (2005): Marke Mensch. Prominente als Marken der Medienindustrie, 1. Aufl., Wiesbaden.

Herrmann, A.; Huber, F.; Braunstein, C. (1999): Gestaltung der Markenpersönlichkeit mittels der „means-end"-Theorie, in: Esch, Franz-Rudolf (Hrsg.) (2005), Moderne Markenführung, 4. Auflage, Wiesbaden, S. 177-207.

Homburg, C; Krohmer, H. (2006): Marketingmanagement: Strategie - Instrumente - Umsetzung – Unternehmensführung, Wiesbaden.

Homburg, C; Krohmer, H. (2003): Marketingmanagement: Strategie - Instrumente - Umsetzung – Unternehmensführung, Wiesbaden.

Homer, P. M. (1990): The Mediating Role of Attitude toward the Ad: Some Additional Evidence, in: Journal of Marketing Research, Vol. 27 (February), S. 78-86.

Huber, F.; Herrmann, A.; Meyer, F.; Vogel, J.; Vollhardt, K. (2007): Kausalmodellierung mit Partial Least Squares – Eine anwendungsorientierte Einführung, Wiesbaden.

Huber, F.; Regier, S.; Wilhelmi, S. (2005): Erfolgreich loyale Kunden managen: Bestimmungsfaktoren der Markenloyalität im Sportartikelsektor – Eine kausalanalytische Studie, Arbeitspapier Center of Market-Oriented Product and Production Management, Mainz.

Huber, F.; Regier, S.; Vollhardt, K.; Matthes, I (2005): Sportsponsoring effektiv einsetzen: Zu den Auswirkungen von Sponsoringmaßnahmen auf Einstellungen und Kaufabsicht der Verbraucher, Arbeitspapier Center of Market-Oriented Product and Production Management, Mainz.

Huber, F.; Herrmann, A.; Kressmann, F.; Vollhardt, K. (2005): Zur Eignung von varianz- und kovarianzbasierten Verfahren zur Schätzung komplexer Strukturgleichungsmodelle, Arbeitspapier Center of Market-Oriented Product and Production Management, Mainz.

Huber, J.-A. (2005): Co-Branding als Strategieoption der Markenpolitik: Kaufverhalten bei Co-Brand Produkten und negative Rückwirkungseffekte auf die Muttermarken, 1. Auflage, Wiesbaden.

Hudson, S.; Hudson, D. (2006): Branded Entertainment: A New Advertising Technique or Product Placement in Disguise?, in: Journal of Marketing Management, Vol. 22, S. 489-504.

Hulland, J. (1999): Use of Partial Least Squares (PLS) in Strategic Management Research: A Review of four Recent Studies, in: Strategic Management Journal, Vol. 20, S. 195-204.

Jarvis, C. B.; MacKenzie, S. B.; Podsakoff, P. M. (2003): A Critical Review of Construct Indicators and Measurement Model Misspecification in Marketing and Consumer Research, in: Journal of Consumer Research, Vol. 30, No. 2, S. 199-218.

Johar, J. S.; Sirgy, J. M. (1991): Value-Expressive Versus Utilitarian Advertising Appeals: When and Why to Use which Appeal, in: Journal of Advertising, Vol. 20, No.3, S. 23-33.

Kamins, M. A.; Marks, L. J.; Skinner, D. (1991): Television Commercial Evaluation in the Context of Program Induced Mood: Congruency versus Consistency Effects, in: Journal of Advertising, Vol. 20, No. 2, S. 1-14.

Kamen, J. M.; Azhari, A. C.; Kragh, J. R. (1975): What a Spokesman Does for a Sponsor, in: Journal of Advertising Research, Vol. 15, S. 17-24.

Kassarjian, H. H. (1971): Personality and Consumer Behaviour – A Review, in: Journal of Marketing Research, Vol. 8, S. 409-418.

Keller, K. L. (1993): Conceptualizing, Measuring and Managing Customer-Based Brand Equity, in: Journal of Marketing, Vol. 57, S. 1-22.

Kellner, J. P. (1994): Lifestyle-Markenstrategien, in: Bruhn M. (Hrsg.), Handbuch Markenartikel, Bd.3, Stuttgart, S. 619-643.

Kim, Y.; Walsh, P.; Ross, S. D. (2008): An Examination of the Psychological and Consumptive Behaviours of Sport Video Gamers, in: Sports Marketing Quaterly, Vol. 17, S. 44-53.

Kim, J.; Allen, C. T., Kardes, F. (1996): An Investigation of the Mediational Mechanisms Underlying Attitudinal Conditioning, in: Journal of Marketing Research, Vol. 33, S. 318-328.

Kim, T.; Biocca, F. (1997): Telepresence via Television: Two Dimensions of Telepresence May Have Different Connections on Memory and Persuasion, in: Journal of Computer-Mediated Communication, Vol. 3, No. 2.

Koch, J. (1999): Marketing - Einführung in die marktorientierte Unternehmensführung, 1. Auflage, München.

Krafft, M.; Götz, O.; Liehr-Gobbers, K. (2005): Die Validierung von Strukturgleichungsmodellen mit Hilfe des Partial-Least-Squares (PLS)-Ansatzes, in: Bliemel, F. et al. (Hrsg.): Handbuch PLS-Pfadmodellierung, Stuttgart, S. 71-86.

Kroeber-Riel, W.; Weinberg, P.; Gröppel-Klein, A. (2009):Konsumentenverhalten, 9 Auflage, München.

Kroeber-Riel, W.; Weinberg, P. (2003): Konsumentenverhalten, 8.Auflage, München.

Kroeber-Riel, W.; Weinberg, P. (1996): Konsumentenverhalten, 6. Auflage, München.

Kuhn, A. (2006): Electronic Commerce - Interface Design und Website-Gestaltung im Business-to-Consumer-Bereich, Münster.

Lee, M.; Faber, R. J. (2007): Effects of Product Placement in On-Line Games on Brand Memory, in: Journal of Advertising, Vol. 36, No. 4, S. 75-90.

Leitow, D. (2005): Produktherkunft und Preis als Einflussfaktoren auf die Kaufentscheidung – Eine experimentelle und einstellungstheoretisch basierte Untersuchung des Konsumentenverhaltens bei regionalen Lebensmitteln, Berlin.

Levine, R. (2005): Reaching the Unreachables, in: http://money.cnn.com/magazines/business2/business2_archive/2005/10/01/8359280/index.htm, letzter Aufruf am: 08.01.2011.

Levy, S. J. (1959): Symbols for Sale, in: Harvard Business Review, Vol. 37, No. 4, S. 117-124.

Lewis, B.; Porter, L. (2010): In-Game Advertising Effects: Examining Player Perceptions of Advertising Schema Congruity in a Massively Multiplayer Online Role-Playing Game, in: Journal of Interactive Advertising, Vol. 10, No. 2, S. 46-60.

Li, H.; Daugherty, T.; Biocca, F. (2002): Impact of 3-D Advertising on Product Knowledge, Brand Attitude, and Purchase Intention: The Mediation Role of Presence, in: Journal of Advertising, Vol. 31, No. 3, S. 43-57.

Liska, A. E. (1984): A Critical Examination of the Causal Structure of the Fishbein/Ajzen Attitude-Behavior Model, in: Social Psychology Quarterly, Vol. 47, Nr. 1, S. 61-74.

Loken, B.; Ross, I.; Hinkle, R. L. (1986): Consumer confusion of Origin and Brand Similiarity Perception, in: Journal of Public Policy and Marketing, Vol. 5, S. 195-211.

Lutz, R. J. (1985): Affective and Cognitive Antecedents of Attitude Toward the Ad: A Conceptual Framework, in: Psychological Processes and Advertising Effects: Theory, Research and Application, Alwitt, L. F.; Mitchell, A. A. (Hrsg.), Hillsdale, N.J., S. 45-63.

Mackay, T.; Ewing, M.; Newton, F.; Windisch, L. (2009): The Effect of Product Placement in Computer Games on Brand Attitude and Recall, in: International Journal of Advertising, Vol. 28(3), S. 423-438.

MacKenzie, S. B.; Lutz, R. J. (1989): An Empirical Examination of the Structural Antecedents of Attitude Toward the Ad in an Advertising Pretesting Context, in: Journal of Marketing, Vol. 53, S. 48-65.

MacKenzie, S. B.; Lutz, R. J.; Belch, G. E. (1986): The Role of Attitude Toward the Ad as a Mediator of Advertising Effectiveness: A Test of Competing Explanations, in: Journal of Marketing Research, Vol. 23, S. 130-143.

Mäder, R. (2005): Messung und Steuerung von Markenpersönlichkeit: Entwicklung eines Messinstruments und Anwendung in der Werbung mit prominenten Testimonials, Wiesbaden.

Malhotra, N. K. (1988a): Self Concept and Product Choice: An Integrated Perspective, in: Journal of Economic Psychology, Vol. 9, S. 1-28.

Malhotra, N. K. (1988b): Some observations on the state of the art in marketing research, in: Journal of the Academy of Marketing Science, Vol. 16, Nr. 1, S. 4-24.

Mandler, G. (1982): The Structure of Value: Accounting for Taste, in: Perception, Cognition and Development: Interactional Analysis, Clarke, M. S.; Fiske, S. T. (Hrsg), Hillsdale, N. J., S. 3-36.

Mathwick C.; Rigdon, E. (2004): Play, Flow, and the Online Search Experience, in: Journal of Consumer Research, Vol. 31, S. 324-332.

Mau, G.; Silberer, G.; Constien, C. (2008): Communicating Brands Playfully – Effects of In-Game Advertising for Familiar and Unfamiliar Brands, in: International Journal of Advertising, Vol. 27 (5), S. 827-851.

Mayer, H.; Illmann, T. (2000): Markt- und Werbepsychologie, Stuttgart.

McCoy, S.; Everard, A.; Polak, P.; Galletta, D. F. (2008): An Experimental Study of Antecedents and Consequences of Online Ad Intrusiveness, in: Journal of Human-Computer Interaction, Vol. 24, No. 7, S. 672-699.

McCracken, G. (1989): Who Is the Celebrity Endorser? Cultural Foundations of the Endorsement Process, in: Journal of Consumer Research, Vol. 16, No. 3, S. 310-321.

Meeder, U. (2007): Werbewirkungsmessung im Internet: Wahrnehmung, Einstellung und moderierende Effekte, 1.Auflage, Wiesbaden.

Meffert, H. (2000): Grundlagen marktorientierter Unternehmensführung, 9. Auflage, Wiesbaden.

Mitchel, A.A.; Olson, J.C. (1981): Are Product Attribute Beliefs the Only Mediator of Advertising Effects on Brand Attitude?, in: Journal of Marketing Research, Vol. 18, No. 3, S. 318-332.

Mitchell, V. W.; Papavassiliou, V. (1999): Market Causes and Implications of Consumer Confusion, in: Journal of Product and Brand Management, Vol. 8, Nr. 4, S. 319-342.

Molesworth, M. (2006): Real Brands in Imaginary Worlds: Investigating Players' Experiences of Brand Placement in Digital Games, in: Journal of Consumer Behaviour, Vol. 5, S. 355-366.

Moorman, M; Neijens, P. C.; Smith, E. G. (2002): The Effects of Magazine-Induced Psychological Responses and Thematic Congruence on Memory and Attitude Toward the Ad in a Real-Life Setting, in: Journal of Advertising, Vol. 3(4), S. 27-40.

Muehling, D. D.; McCann, M. (1993): Attitude Toward the Ad: A Review, in: Journal of Current Issues and Research in Advertising, Vol. 15, No. 2, S. 25-58.

Mummendey, Hans D. (1988): Verhalten und Einstellung – Untersuchung der Einstellungs- und Selbstkonzeptänderung nach Änderung des alltäglichen Verhaltens, 1. Auflage, Berlin.

Murry, J. P. Jr.; Lastovicka, J. L.; Singh, S. N. (1992): Feelings and Liking Responses to Television Programs: An Examination of Two Explanations for Media-Context Effects, in: Journal of Consumer Research, Vol. 18, S. 441-451.

Nelson, M. R. (2002): Recall of Brand Placements in Computer/Video Games, in: Journal of Advertising Research, Vol. 42(2), S. 80-92.

Nelson, M. R.; Yaros, R. A.; Keum, H. (2006): Examining the Influence of Telepresence on Spectator and Player Processing of Real and Fictious Brands in a Computer Game, in: Journal of Advertising, Vol. 35(4), S. 87-99.

Nelson, Michelle R.; Yaros, Ronald A.; Keum, Heejo (2004): Advertainment or Adcreep? Gameplayers' Attitudes Toward Advertising and Product Placements in Computer Games, in: Journal of Interactive Advertising, Vol. 5, No. 1, S. 3-21.

Next-gen.biz (o.J.): http://www.next-gen.biz/news/ea-in-game-ads-no-great-shakes, Aufruf am: 02.01.11.

Nicovich, S. G. (2005): The Effect of Involvement on Ad Judgement in a Video Game Environment: The Mediating Role of Presence, in: Journal of Interactive Advertising, Vol. 6(1), S. 38-51.

Novak, T. P.; Hoffman, D. L.; Yung, Y.-F.(2000): Measuring the Customer Experience in Online Environments: A Structural Modeling Approach, in: Marketing Science, Vol. 19, No. 1, S. 22-42.

Novak, T. P.; Hoffman, D. L. (1997): Measuring the Flow Experience Among Web Users. Paper presented at the Interval Research Corporation, http://www.whucb.com/whuebiz/emarketing/research/m031121/m031121c.pdf, letzter Aufruf am: 08.01.2011.

Ohlwein, M. (1999): Märkte für gebrauchte Güter, Wiesbaden.

Olson, M. A.; Fazio, R. H. (2001): Implicit Attitude Formation Through Classical Conditioning, in: Psycholigical Science, Vol. 12, No. 5, S. 413-417.

Orth, U. R.; DeMarchi, R. (2007): Understanding the Relationships between Functional, Symbolic, and Experiential Brand Beliefs, Product Experiential Attributes, and Product Schema: Advertising-Trial Interactions Revisited, in: Journal of Marketing Theory and Practice, Vol. 15, No. 3, S. 219-233.

o.V. (2009): http://www.pcgameshardware.de/screenshots/original/2009/09/fifa11.jpg, Aufruf am: 6.12.2010.

o.V. (2010a): http://images.businessweek.com/ss/06/01/ingame_ads/source/7.htm, Aufruf am: 11.09.2010.

o.V. (2010b): TdW 2010 III Menschen und Märkte Strukturanalyse, in: http://online.mds-mediaplanung.de/tdw/338b184ad2fb774c9358e1af51f1f18f/client#zielgruppe, Aufruf am 3.02.2011.

o.V. (o.J.a): http://transformers.wikia.com/wiki/Transformers_%28film%29#Product_Placement , Aufruf am: 11.12.2010.

o.V. (o.J.b): http://www.giga.de/features/storyarchiv/00117115-sam-fisher-kaut-airwaves/, Aufruf am: 03.09.2010.

o.V. (o.J.c): http://www.gtainside.com/news.php, Aufruf am: 01.09.2010.

o.V. (o.J.d): http://www.videogameszone.de/FIFA-11-PS3-234851/News/FIFA-11-Mesut-Oezil-schmueckt-das-deutsche-Cover-Vorlaeufiger-Packshot-veroeffentlicht-767267/, Aufruf am: 04.09.2010.

PCgames (2009): http://www.pcgames.de/Verkaufs-Charts-Thema-206090/Specials/Games-Bestseller-2009-die-meistver¬kauften-PC-Spiele-mit-Die-Sims-3-Anno-1404-und-Modern-Warfare-2-Update-Konsolenzahlen-veroeffent¬licht-702268/5/, Aufruf am: 17.12.2010.

PCgames (o.J.a): http://www.pcgames.de/Spielemarkt-Thema-117280/News/Studie-Das-sind-die-bis-dato-teuersten-Spiele-775432/, Aufruf am: 12.11.2010.

PCgames (o.J.b): http://www.pcgames.de/Electronic-Arts-Firma-15412/News/Electronic-Arts-In-Game-Werbung-funktioniert-24-Prozent-mehr-Absatz-774829/, Aufruf am: 31.12.2010.

PCgames (o.J.c): http://www.pcgames.de/m,forum/Spieleforum-41/Sonstige-Spielethemen-8/In-Game-Advertising-moeg¬lichst-Screenshots-gesucht-8872594/, Aufruf am: 31.12.2010.

Pennington, R. (2001): Signs of Marketing in Virtual Reality, in: Journal of Interactive Advertising, Vol. 2, No. 1, S. 33-43.

Peracchio, L. A; Tybout, A. M. (1996): The Moderating Role of Prior Knowledge in Schema-Based Product Evaluation, in: Journal of Consumer Research, Vol. 23, S. 177-192.

Petty, R. E.; Cacioppo J. T. (1986): The Elaboration Likelihood Model of Persuasion, in: Advances in Experimental Social Psychology, Vol. 19, S. 123-193.

Petty, R. E.; Cacioppo J. T. (1984): Source Factors and the Elaboration Likelihood Model of Persuasion, in: Advances in Consumer Research, Vol. 11, No. 1, S. 668-672.

Petty, R. E.; Cacioppo J. T. (1984): Issue Involvement as a moderator of the effects on attitude of advertising content and context, in: Advances in Consumer Research Volume 8, S. 20-24.

Petty, R. E.; Cacioppo J. T.; Schuhmann, D. (1983): Central and Peripheral Routes to Advertising Effectiveness: The Moderating Role of Involvement, in: Journal of Consumer Research, Vol. 10, S. 135-146.

Petty, R. E.; Wegener, D. T. (1999): The elaboration likelihood model: Current status and controversies, in: Dual-Process Theories in Social Psychology, Chaiken, S.; Trope, Y. (Hrsg.), S. 37-72, New York.

Regier, S. (2007): Markterfolg radikaler Innovationen – Determinanten des Akzeptanzverhaltens, 1.Auflage, Wiesbaden.

Rheinberg, F.; Vollmeyer, R.; Engeser, S. (2003): Die Erfassung des Flow-Erlebens, in: Stiensmeier-Pelster,J.; Rheinberg, F. (Hrsg.), Diagnostik von Motivation und Selbstkonzept, Göttingen, S. 261-279.

Robertson, T. S.; Rossiter, J. R. (1974): Children and Commercial Persuasion: An Attribution Theory Analysis, in: Journal of Consumer Research, Vol. 1, S. 13-20.

Rosenberg, M. J. (1979): Conceiving the Self, New York.

Rosenberg, M. J.; Hovland, C.I., (1960):. Cognitive, affective, and behavioral components of attitudes, in: Attitude organization and change, Rosenberg, M. J. et al. (Hrsg.), Yale, S. 1–14.

Rudolph, T.; Schweizer, M. P. (2004): Wenn Käufer streiken. Mit klarem Profil gegen Consumer Confusion und Kaufmüdigkeit, Wiesbaden.

Russel, C. A. (2002): Investigating the Effectiveness of Product Placements in Television Shows: The Role of Modality and Plot Connection Congruence on Brand Memory and Attitude, in: Journal of Consumer Research, Vol. 29, S. 307-318.

Russel, C. A. (1998): Toward a Framework of Product Placement: Theoretical Propositions, in: Advances in Consumer Research, Vol. 25, S. 357-362.

Schmidt, H. (2007): „World of Warcraft“ dominiert, in: http://www.faz.net/s/RubE2C6E0BC C2F04DD787CDC274993E94C1/Doc ED1B9CC6B09D0421A8036DAE0C78E1BB 5~ATpl~Ecommon~Scontent.html, Aufruf am: 24.11.2010.

Schneider, L.-P.; Cornwell, B. T. (2005): Cashing in on Crashes via Brand Placement in Computer Games – The Effects of Experience and Flow on Memory, in: International Journal of Advertising, Vol .24, No. 3, S. 321-343.

Schulze, P. M. (2003): Beschreibende Statistik, 5. Auflage, München.

Schumann, S. (2001): Persönlichkeitsbedingte Einstellungen zu Parteien: Der Einfluss von Persönlichkeitseigen... auf Einstellungen zu politischen Parteien, München.

Schwarz , J. (2005): R-U-GAME?, in: http://www.imediaconnection.com/content/5354.imc, letzter Aufruf am 4.11.2010.

Schweizer, M. (2005): Consumer Confusion im Handel – Ein umweltpsychologisches Erklärungsmodell, 1. Auflage, Wiesbaden.

Shimp, T. A. (1981): Attitude towards the Ad as a Mediator of Consumer Brand Choice, in: Journal of Advertising, Vol. 10, Nr. 2, S. 9-15.

Simonin, B. L.; Ruth, J. L. (1998): Is a Company Known by the Company It Keeps? Assessing the Spillover Effects of Brand Alliance on Consumer Brand Attitudes, in: Journal of Marketing Research, Vol. 35, No.1, S. 30-42.

Sirgy, M. J. (1986): Self-Congruity: Toward a Theory of Personality and Cybernetics, New York.

Sirgy, M. J. (1985a): Using Self-Congruity and Ideal Congruity to Predict Purchase Motivation, in: Journal of Business Research, Vol. 13 (June), S. 195 206.

Sirgy, M. J. (1985b): Self-Image/Product-Image Congruity and Consumer Decision Making, in: International Journal of Management, Vol. 2 (December), S. 49-63.

Sirgy, M. J. (1982): Self-Concept in Consumer Behaviour: A Critical Review, in: Journal of Consumer Research, Vol. 9, S. 287-300.

Sirgy, M. J.; Grewal, D.; Mangleburg, T. F.; Park, J.; Chon, K.-S.; Claiborne, C. B.; Johar, J. S.; Berkman, H. (1997); Assessing the predictive validity of two methods of measuring self-image congruence, in: Journal of the Academy of Marketing Science, Vol. 25, Nr. 3, S. 229-241.

Shimp, T. A. (1981): Attitude Toward the Ad as Mediator of Consumer Brand Choice, in: Journal of Advertising, Vol. 10, No. 2, S. 9-15.

Smith, G. (2004): Brand Image Transfer Through Sponsorship: A Consumer Learning Perspective, in: Journal of Marketing Management, Vol. 20, S. 457-474.

Steffenhagen, H. (2004): Marketing – Eine Einführung, 5. Auflage, Stuttgart.

Steffenhagen, H. (2000): Wirkungen der Werbung: Konzepte – Erklärungen – Befunde, 2. Auflage, Aachen.

Steuer, J. (1992): Defining Virtual Reality: Determining Telepresence, in: Journal of Communication, Vol. 42, No. 4, S. 73-93.

Sujan, M.; Bettman, J. R. (1989): The Effects of Brand Positioning Strategies on Consumers' Brand and Category Perceptions: Some Insights From Schema Research, in: Journal of Marketing Research, Vol. 26, S. 454-467.

Szameitat, A. (2006): In-Game Werbung: Marken haben den Trend erkannt, Media Agenturen rüsten auf, http://www.competence-site.de/mbusiness.nsf/2B8D93F026EEE7FCC12571290035737E/$File/in-game-advertising.pdf, letzter Abruf am 30.12.2010.

Tergan, S. (1984): Diagnose von Wissensstrukturen. Tübingen: Forschungsberichte, Nr. 30.

Thomas, W.; Stammermann, L. (2007): In-Game Advertising – Werbung in Computerspielen, 1. Auflage, Wiesbaden.

Thomas, W. I.; Znaniecki, F. (1918): The Polish peasant in Europe and America, Boston.

Trommsdorff, V. (2009): Konsumentenverhalten, 7.Auflage, Stuttgart.

Trommsdorff, V. (1993): Konsumentenverhalten, 2. Auflage, Stuttgart.

Tucker, W. T. (1957): Foundations for a Theory of Consumer Behaviour, New York.

UWG (2008): http://dejure.org/gesetze/UWG/1.html, Aufruf 6.12.2010.

Vollhardt, K. (2007): Management von Markenportfolios – Gestaltung und Erfolgswirkungen aus Unternehmenssicht, 1. Auflage, Wiesbaden.

Walsh, G. (2002): Konsumentenverwirrtheit als Marketingherausforderung, Wiesbaden.

Watson, J. B. (1925): Experimental studies on the growth of the emotions, in Psychologies of 1925, in: International university series in psychology, Murchison, C. (Hrsg.), Worcester, MA, S. 37-57.

Wei, M.-L.; Fischer, E.; Main, K. J. (2008): An Examination of the Effects of Activating Persuasion Knowledge on Consumer Response to Brands Engaging in Covert Marketing, in: Journal of Public Policy & Marketing, Vol. 27, No. 1, S. 34-44.

Whittler, T. E.; DiMeo, J. (1991): Viewers Reaction to Racial Cues in Advertising Stimuli, in: Journal of Advertising Research, Vol. 6, Nr. 31, S. 37-46.

Whittler, T. E. (1989): Viewers Processing of Actor's Race and Message Claims in Advertising Stimuli, in: Psychology & Marketing, Vol .6, S. 287-309.

Winkler, T.; Buckner, K. (2006): Receptiveness of Gamers to Embedded Brand Mes-sages in Advergames: Attitudes towards Product Placement, in: Journal of Interactive Advertising, Vol. 7(1), S. 37-46.

Wise, K.; Bolls, P. D.; Kim, H.; Venkataraman, A.; Meyer, R. (2008): Enjoyment of Advergames and Brand Attitudes: The Impact of Thematic Relevance, in: Journal of Interactive Advertising, Vol. 9, No. 1, S. 14-29.

Yang, M.; Roskos-Ewoldsen, D. R.; Dinu, L.; Arpan, L. M. (2006): The Effectiveness of "In-Game" Advertising – Comparing College Students' Implicit and Explicit Memory for Brand Names, in: Journal of Advertising, Vol. 35, No. 4, S. 143-152.

Yoon, K.; Bolls, P.; Lang, A. (1998): The Effects of Arousal on Liking and Believability of Commercials, in: Journal of Marketing Communications, Vol. 4, No. 2, S. 101-114.

Zajonc, R. B. (1968): Attitudinal Effects of Mere Exposure, in: Journal of Personality and Social Psychology Monograph Supplement, Vol. 9, No. 2, S. 1-27.